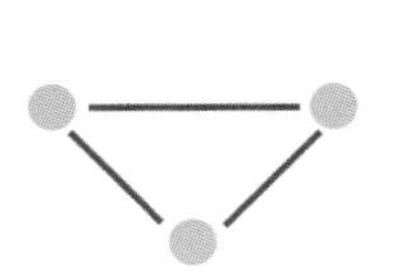

小牛顿科学故事馆

灭绝生物的故事

Miejue Shengwu de Gushi

小牛顿科学教育公司编辑团队 编著

北京时代华文书局

给读者的话

探究自然规律的科学，总带给人客观、冰冷和规律的印象，如果科学可以和人文学科搭起一座桥梁，是否会比较有“人味儿”，而更经得起反复咀嚼、消化呢?

《小牛顿科学故事馆》系列，响应现今火热的“科际整合”趋势，秉持着跨“人文”与“科学”领域的精神应运而生。不但内含丰富、专业的科学理论，还以叙事性的笔法，在一则则生动有趣的故事中，勾勒出重要科学发现或发明的时空背景。这样，少年们在阅读科学理论时，也能遥想当时的思维脉络，进而更关怀社会，反省自己所熟悉的世界观，是如何被科学家和他们的时代一点一滴建构出来。

以本书《灭绝生物的故事》而言，“起源于海”介绍地球如何替动物的登场“费尽心思”。而当一切准备就绪后，各种动物就瞬间出现在海洋中，使海洋成了动物争奇斗艳的舞台。紧接着，有些动物被先行上陆的植物所吸引，决定勇敢地离开海洋，开拓未知的陆地世界。于是昆虫、两栖类、爬虫类一一登上了“盘古大陆”这个新舞台。

二叠纪末大灭绝事件让恐龙有了登场的机会，并陆续在陆、海、空各领域独领风骚。但是由于白垩纪末大灭绝事件，恐龙黯然退场，上演了一出“巨兽兴衰”的戏码。

在下一个“崭新世界”中，哺乳动物发现可怕的巨兽都消逝了，于是它们一一接手这些空出来的舞台，开始了自己的演出。

数百万年前，人类祖先战战兢兢地下了树，企图用双脚把自己撑起来，让空出的双手可以做更多的事情。没想到，这样的一个小小的举动居然使“人类崛起”这一幕顺利开演，使人类走到了舞台前端。

可惜的是，人类似乎不太懂得如何与其他“演员”和平共处，许多动物“演员”都被赶下了台，只能暗自垂泪地唱着“近代悲歌”。地球所准备的生命舞台曾有过许多不同的主角，而现在的主角则轮到了人类。若是人类再不扮演好自己的角色，而非要使用暴力驱逐其他“演员”，那么下一个下场的可能就是人类了。

在今日快速变动的世界里，唯有持续阅读与对不同学科的思考，才能在时代巨流中找到自己的定位，《小牛顿科学故事馆》系列书籍跨领域、重思考、好阅读，能够帮助少年们了解科学理论的背景与人文因素，掌握科学的本质及运作方式，培养“通才”的胸襟及气度！

目录

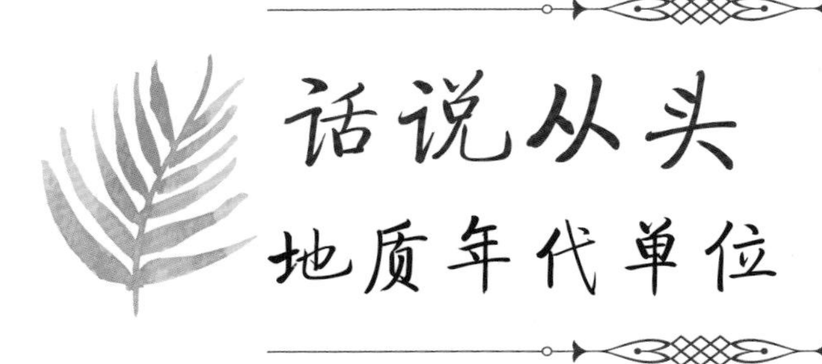

话说从头
地质年代单位

我们常常在书本、报纸或电视节目中看到或听到“白垩纪”“侏罗纪”这些名词，它们究竟是什么呢？其实这些都是地质年代单位，是用来描述地球历史的时间单位。那么，科学家又是怎么划分出这些时间单位的呢？

我们知道，若是某一种生物在某一个时代非常兴盛，那么那个时期应该就可以在世界上许多地方见到这种生物。因此要是在 A 地点的岩层中看到这种生物的化石，然后又在 B 地点的岩层中见到同一种化石，那就可以说在 A 和 B 这两个地点，含有同一种化石的岩层属于同一个时代，而这种化石就可以称之为“指标化石”。科学家就是利用这种方法，将某地点某岩层的年代跨距范围定义为一个地质年代单位，之后就可以将它作为比较基础，而把其他地区含有同样指标化石的岩层归类到这个年代里面去。

当然，这项工作说起来是很简单，执行起来却很困难。因为我们必须找到一种最好是全世界都曾经出现过的生物化石，然后这种生物化石的存在时间又不能太长，这才能成为一个有效的指标化石。假设这种化石只分

地质年代单位	隐生宙（前寒武纪）Cryptozoic eon (Precambrian supereon)						
	冥古代 Hadean	太古代 Archean	元古代 Proterozoic	古生代 Paleozoic			
				寒武纪 Cambrian	奥陶纪 Ordovician	志留纪 Silurian	泥盆纪 Devonian
年代（百万年前）	4500 | 4000	4000 | 2500	2500 | 540	540 | 490	490 | 440	440 | 420	420 | 360

布在一个区域，那么其他区域要跟它来进行对比就会产生困难；或者这是一种从五亿年前到现在都存在的活化石，那么也很难用它来区分出更细的时间段落。

以三叶虫来说，它们只出现在“古生代”，而且几乎全世界都可以见到这种化石。因此三叶虫就是一种用来指示古生代很好的指标化石。只要我们看到有三叶虫出现，就可以判断这是古生代那个时候所形成的岩层。甚至我们还可以根据三叶虫的种属来进一步确认这个岩层究竟属于古生代里面的哪一个时期。

利用不同的指标化石，科学家将地质年代划分成许多不同的层次。在地质年表中最大的时间单位是“宙（eon）”，然后是“代（era）”“纪（period）”“世（epoch）”“期（age）”。例如“显生宙”包含了3个代：“古生代”“中生代”“新生代”。古生代还可细分成“寒武纪”“奥陶纪”“志留纪”“泥盆纪”“石炭纪”“二叠纪”这6个纪；中生代包括3个纪，也就是“三叠纪”“侏罗纪”“白垩纪”；新生代则包括“古近纪”“新近纪”和“第四纪”。以第四纪来说，又可进一步区分为“更新世”和“全新世”。其中，全新世指的就是11000年前至今的这个时间段。

或许你会好奇，这些时间单位的名称又是怎么来的呢？其实这是科学家根据各种原则所起的名字。首先是根据生物的出现年代，例如：新生代指的是“现代生物的时期”；中生代则为“中等进化生物的时期”；而古生代就是“古代生物的时期”。其次是根据代表性岩层的研究地点，例如：泥盆纪的名称来自英国德文郡（Devonshire）；二叠纪则来自俄罗斯的彼尔姆州（Perm）；侏罗纪得名于法国和瑞士之间的侏罗山（JuraMountain）。最后则是一些比较特殊的命名法，例如：石炭纪的意思是“含煤的岩石”；三叠纪指当初发现的地层明显分为三层；白垩纪则得名自一种白色岩石“白垩岩”。

最后，我们该怎么确定某一个地质年代单位的具体时间跨度呢？譬如我们说寒武纪的开始时间是5亿4000万年前，结束于4亿9000万年前，这又是怎么确定的呢？很简单，科学家只要借助化学分析的方法，针对各个代表性岩层进行定年测量，就可以获得每个岩层的起讫时间。

显生宙 Phanerozoic eon							
		中生代 Mesozoic			新生代 Cenozoic		
石炭纪 Carboniferous	二叠纪 Permian	三叠纪 Triassic	侏罗纪 Jurassic	白垩纪 Cretaceous	古近纪 Paleogene	新近纪 Neogene	第四纪 Quaternary
360 | 300	300 | 250	250 | 200	200 | 150	150 | 65	65 | 23	23 | 2.6	2.6 | 0

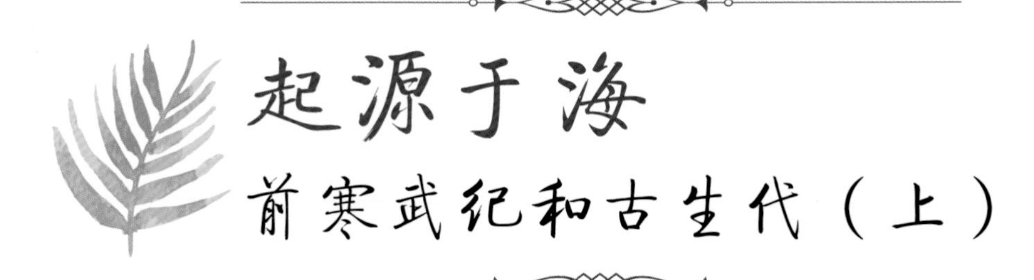

起源于海
前寒武纪和古生代（上）

预备动物登场的舞台

地球上生命的起源大约发生在40亿年前，而最早的动物则出现在6亿年前。算一算，地球花了将近40亿年的漫长光阴准备了动物登场所需要的舞台，到底是怎样的舞台需要花这么长的时间来准备呢？现在就让我们从头开始述说这段精彩的历史——

45亿年前，地球诞生在一个距离太阳不远不近的地方，是由无数个直径10千米大小的“微行星”或“彗星”彼此撞击、聚合而成的。正是这个位置决定了地球——而非火星或金星——可以诞生出复杂的高等生物：动物和植物。若是离太阳太近，譬如金星，星球上的水和大气就会因为太阳热量过高而蒸发并散逸在太空中；但若是离得太远，譬如火星，星球上的水会冻结。这就好比你打算在寒冷的野外度过一个晚上，因为怕着凉，于是你在身旁点了熊熊燃烧的营火，如果离营火太近会觉得太热，太远则会冻僵。因此，地球和太阳之间的距离是如此合适，不仅让液态水得以存在，而地表温度也能维持在50摄氏度以下。这些条件让高等生物得以舒适地生活在地球上。

海尔波普彗星

地球是由无数的微行星、小行星和彗星彼此撞击、堆砌所生成的。图片中的海尔波普彗星于 1997 年接近地球，这个彗星的核心直径有 50 千米。

有了恰当的位置以后，还需要产生生命的必要条件，也就是“生命必需元素”，如碳、氮、氢和氧。对刚生成不久的地球来说，这些元素是相当缺乏的。幸好，在我们的太阳系外围有许多含有这些元素的物质。在地球诞生后的 6 亿年内，它们搭乘着彗星或小行星这一类的“专车”进入太阳系。由于数量众多，因此经常撞击到其他行星或地球，而所产生的碎片就带着这些生命必需元素进入了地球。

在这 6 亿年中，也有许多大型的物体不断撞击地球，其中有些撞击物甚至跟火星一般大小。撞击带来的巨大能量使地球表面生成了一片岩浆海，并将岩石中所储存的水和二氧化碳带出来，形成了早期的大气层。撞击也决定了地球上的水和二氧化碳的最终含量，而它们是维持生物生存环境的关键。假如地球的含水

量稍微多了一点，则不会有陆地；若是二氧化碳多了些，则地表温度就会更高。无论哪一种情况，都不适合高等生物的起源和发展。

到了 39 亿年前，外星天体的剧烈撞击基本上就结束了。此时，地球开始冷却，原始大气层的温度下降，大气层中的水则凝聚成滂沱大雨。据估计，在一千年的时间内，地球表面每年降下了数千毫米的雨水。这些雨水渐渐在地表累积，形成池塘、湖泊和广阔的海洋。

地球表面的岩浆海也逐渐冷却而成为岩石。目前已知全世界最古老的岩石是加拿大西北部的片麻岩，距今年代为 40 亿年。能找到这么古老的片麻岩，说明在当时可能已经出现陆地了。虽然当时的陆地面积都还很小，但有海有陆的环境，正是高等生物得以诞生的另一个重要条件。

早期地球的大气层和海水中都没有氧气。可是，氧气却是动物得以生存的必要条件！幸好，在 30 亿年前，蓝细菌登场了。蓝细菌可以进行光合作用，将周围的二氧化碳转换成碳酸钙，并制造出氧气。这些氧气首先和

片麻岩

片麻岩是岩石在高温高压的环境下所生成的一种具有片麻状构造或条带状构造的变质岩，通常呈现黑灰或白灰色。片麻岩里面的主要矿物包括了长石、石英和云母。这样的矿物组成跟花岗岩很类似，因此有人认为片麻岩是由花岗岩变质而来，而花岗岩代表的正是大陆地壳。片麻岩和花岗岩的差异在于，片麻岩里面的矿物会沿着一定的方向平行排列，有些矿物甚至有被拉长的现象。若有颗粒较大的矿物，则会变成类似眼球的形状。

片麻岩

花岗岩

海水中的铁结合，形成了带状铁矿。当海水中的铁都被消耗殆尽后，多余的氧气才开始充满海洋，甚至进入到地球的大气层中。蓝细菌花了20亿年的时间，才在大气和海洋中累积了足够所有生物利用的氧气。

有了氧气后，地球上的生物发生了显著的转变。10亿年前，海洋中有了各种藻类、海绵以及一种长得像虫的微小动物。相较于先前的单细胞生物，它们的出现标志了复杂生命的起源，也就是细胞和细胞之间彼此分工合作，共同达成维持生命所需要的各种任务，例如呼吸、吃东西、繁殖后代等。生物的演化持续来到了6亿年前，数千种新的大型动物突然现身在地球上，这群动物被称为“埃迪卡拉动物群”，它们的出现标志着地球生命由单细胞微生物进展到多细胞巨型生物。

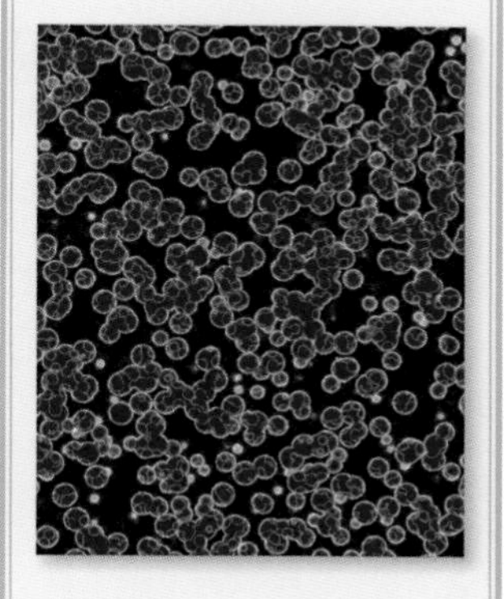

蓝细菌

蓝细菌是地球上最早开始进行光合作用的生物，它们能利用太阳光制造出自己需要的食物，并把氧气当作废弃物排出。由于在浅海处才有可能接收到阳光，因此大量蓝细菌的出现也代表当时的地球表面已经有大面积的陆地。逐渐扩张的大陆和不断吐出氧气的蓝细菌，两者共同让地球从橘色变成了蓝色。

埃迪卡拉动物群

1946年，澳大利亚地质学家斯普里格在澳大利亚南部埃迪卡拉丘陵的砂岩中发现了一群长相特别的海生动物化石，其中包含了类似于水母、海胆的动物，还有奇形怪状的虫，后人就将这群动物以其发现地命名为“埃迪卡拉动物群”。后来，科学家又陆续在白俄罗斯、西伯利亚、纳米比亚、中国云南省、加拿大纽芬兰岛等30个地点发现了相似的化石群，说明这群动物已经散布到全世界。详细研究过这群生物及其生存年代后，科学家特别将这个时期称为“埃迪卡拉纪”（6亿2000万年前—5亿4000万年前）。

有的埃迪卡拉动物可以长到数十厘米至一米长，是那个时

带状铁矿

带状铁矿的灰白色部分富含硅质，深红色部分则富含铁质。带状铁矿的成因是叠层石制造了大量氧气，使得溶在海水中的铁离子变成了氧化铁，也就是铁锈，并沉积在海底。这些铁矿床现在成为地球上的主要铁资源。

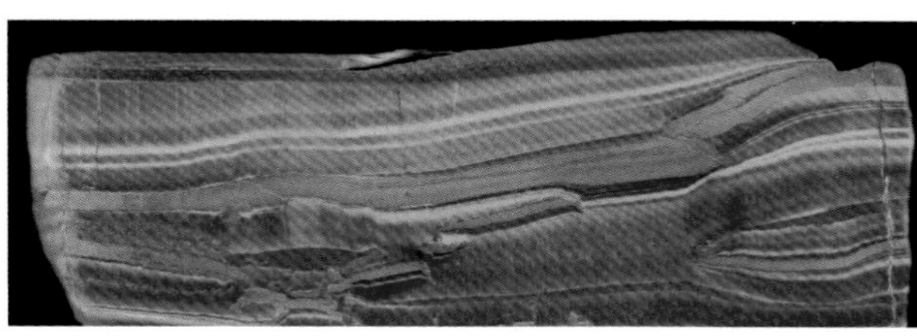

埃迪卡拉动物群的生活想象图

代相当大的动物，可是它们都很扁平，不具有硬壳和骨骼，更缺少现代动物所拥有的组织和器官。它们没有头、尾巴、四肢，也没有嘴和消化器官。相反地，它们直接使用“表皮”来吸收食物和氧气，并排出废弃物。

埃迪卡拉动物群的动物可能不会移动，而是使用“管子”将自己固定在海底，或甚至直接平躺于海床上。在这些动物的化石身上都没有发现被啃咬的痕迹，说明它们的生活相当悠闲，周围并没有掠食者存在。因此有人形容它们是生活在“埃迪卡拉乐园”里。

埃迪卡拉动物群来得突兀，消失得也很突然。在5亿4000万年前以后，这些长相奇怪的动物似乎一瞬间就消失得无影无踪了，没有人知道究竟发生了什么事情。有些科学家推测可能是因为挖洞生物和掠食生物的出现，才导致这群动物灭绝。挖洞生物会扰乱海底的沉积物，使埃迪卡拉动物失去家园；而掠食生物可能就是以这些没有防御力的埃迪卡拉动物为食。不论怎样，埃迪卡拉动物群就这样消失了，它们没有留下后代。不过，地球的生命演化可不会就这样中断，很快，下一个舞台的演员们就隆重登场了，地球进入“寒武纪大爆发”的时代。

埃迪卡拉动物群化石

斯普里格蠕虫

狄更逊水母

查恩盘虫

寒武纪大爆发

埃迪卡拉动物消失后，一群全新的动物就此登场。这群新演员分成三批登上地球舞台，合称为“寒武纪大爆发”。最早现身的动物虽然只留下了爬行或觅食的痕迹，但也告诉我们在地球上首次出现了可以移动的大型动物，它们可能是蠕虫类或扁虫类。随后，“小壳化石”标志着第一群拥有矿化骨骼的动物出现。它

小壳化石

几乎在世界各大洲都可发现小壳化石（寒武纪）。大量的小壳化石紧接在埃迪卡拉动物群之后出现，其后则是三叶虫动物群。它们在前寒武纪几乎不存在，却在寒武纪初期突然现身，因此小壳化石是划分前寒武纪和寒武纪的重要依据。

们是一些由磷酸钙所组成的钙质管、圆球或扭曲脊柱，但尺寸普遍都小于5毫米。每个小化石可能都属于某些动物整体骨骼的一个部分，可是因为太过细碎，无法完整拼凑出其整体样貌。伴随小壳化石登上舞台的动物还有海绵和腕足类动物。

之后，仅仅一千万年间，各种现代动物的祖先，如软体动物、节肢动物、棘皮动物、造礁海绵等几乎都同时现身了。此时的动物不仅体形增大许多，数量也大大增加。

在寒武纪大爆发中登场的动物，大多具有硬壳和眼睛。相比之下，埃迪卡拉动物或许可以感受到光线，却没有视觉构造。因此，就算天敌或食物就在它们眼前，埃迪卡拉动物可能也看不见。或许正是因为这样，埃迪卡拉动物就被有眼睛的动物渐渐地捕食殆尽了。

前寒武纪

前寒武纪指的是从地球诞生到5亿4000万年前的这一段时间，其整体年代约占地球历史的90%。前寒武纪是相对于寒武纪所产生的一个地质学术语。

人们对于前寒武纪的样貌了解不深，这是因为这段时间的化石记录太少。不过，由一些残存的岩石和外层空间的陨石，我们还是可以大致推想出当时的地球环境。

前寒武纪也被称为隐生宙，意思是在这段时间内，大部分的生命形态都很微小。相比之下，5亿4000万年以后的时代被统称为显生宙，而寒武纪正好就是显生宙的第一个时期。从寒武纪开始，大型硬壳动物登上了地球的生命舞台。

右图为形成于前寒武纪的加拿大地盾

三叶虫

三叶虫出现于寒武纪，兴盛于奥陶纪，奥陶纪之后种类就渐渐减少。泥盆纪末期灭绝事件之后剩下的一个类也在二叠纪末期完全灭绝。根据统计，在这 3 亿年的时间中，三叶虫总共演化出超过 5000 个属，15000 余种。从长度不到 1 毫米的小棘肋虫到超过 70 厘米的霸王等称虫都有。

有些三叶虫的眼睛很小，或根本没有眼睛，所以它们的视力很有限，甚至根本看不见。但也有些三叶虫的眼睛很大，视野可达到 360 度，任何掠食者都逃不过它的目光。三叶虫可能是地球上最早拥有真正眼睛，并且能用视觉寻觅食物和躲避掠食者的动物。

科学家推测三叶虫主要生活在海底，并以海床上的沉积物碎屑或泥巴为食物。三叶虫可以用嘴巴吸入这些食物，并从中摄取养分。

寒武纪时，海洋中除了奇虾以外，几乎没有其他

寒武纪大爆发生态复原图

寒武纪大爆发的代表性化石产地包括了加拿大的布尔吉斯页岩和中国云南澄江县的帽天山页岩。科学家在这两处化石产地找到了各种三叶虫，身长超过 1 米的奇虾、拥有 5 只复眼的欧巴宾海蝎、多脚的怪诞虫、不具外壳的迷齿虫、长了背刺的维瓦霞虫、可能是哺乳类祖先的皮卡鱼、海口鱼和昆明鱼，以及许多各式各样的动物。

小油栉（zhì）虫

大部分三叶虫尾部的最后几段胸节会合成一大片尾盾，但小油栉虫（寒武纪）不会，而是在尾部长出一根长长的尖刺。这是非常原始的特征，而小油栉虫也的确是目前已知最古老的三叶虫。

的大型掠食者。因此，当时的三叶虫构造也比较简单。到了奥陶纪，出现了体形巨大的掠食者，例如鹦鹉螺。三叶虫就演化出特殊的外壳，用来挖地道、游泳或卷曲成球状，好抵御这些难对付的敌人。

笔石全盛期：奥陶纪

到了奥陶纪，奇虾等动物已经消失，而原本数量不多的笔石、牙形石、原始鱼类、各种软体动物和腕足类动物则逐渐繁盛起来。其中，笔石更是在这个时代分布广阔的一种动物。

笔石化石由于外观长得很像人们用铅笔书写的痕迹而得名。它们是群体生活的动物，由好几个个体串连起来而成为一组“管子”。笔石有各种不同的形状：呈现单一管状的单笔石；两根管子相对的对笔石；X形状的四笔石；像树枝或叶子的树形笔石和叶形笔石；以及管子弯弯曲曲的螺旋笔石等。以生活方式来说，笔石可区分成两大类：一类漂浮在海面上，外表看起来像植物碎屑；另一类则喜欢住在海底，以漂浮而过的生物或沉积物碎屑为食物。当时的海洋底部除了笔石外，还能见到如栉虫和欧尼尔虫这些节肢动物，以及海百合这类棘皮动物。

栉虫

栉虫（奥陶纪）的眼睛像蜗牛的眼睛一样是凸出来的，它可以躲在泥沙中，只把眼睛露出来观察外界，身长约5—7厘米。

牙形石可能是一种小鱼的牙齿。这种小鱼身体很柔软，几乎没有留下化石，因此我们只能见到它们的牙齿。在当时也有一种全身披着小骨片却没有鱼鳍的萨卡班甲鱼。它没有下颌，因此又被称为无颌类。位于海洋食物链顶端的是属于头足类动物的内角石和鹦鹉螺，它们都长得十分巨大，身长可达10米。这些头足类动物会在自己的壳体内充气以获得浮力，以便在水中自由移动并捕捉猎物。

图 1

图 2

图 3

牙形石

牙形石（图 1）（寒武纪—三叠纪）个体微小，通常都小于 4 毫米，是一种原始鱼类的牙齿，或未知生物的部分遗体。

笔石

笔石（寒武纪—石炭纪）有各种形状，包括单笔石（图 2）、四笔石（图 3）等。

由于珊瑚才刚刚出现，因此浅海地区的礁岩主要是由苔藓虫和藻类所制造。这些礁岩给各式各样的海洋生物提供了安全的居住空间，使得浅海区成了竞争激烈的世界。于是，有些生物为了寻求新天地，选择冒险登上在当时还是一片荒芜的陆地。起先是植物，然后是节肢动物和两栖类动物，它们在奥陶纪末期和志留纪初期陆续离开了海洋。

奥陶纪的石灰岩

这块石灰岩中包含了三叶虫、苔藓虫和腕足类动物的化石。这些动物当时都生活在浅海的礁岩地区。

腕足类动物

腕足类动物具有上下两片不对称的硬壳，壳内长着“触手冠”。早期科学家误以为触手冠是用来移动的，就像“脚”一样，因此称之为“腕足”。事实上，触手冠是腕足类动物用来呼吸和进食的器官。

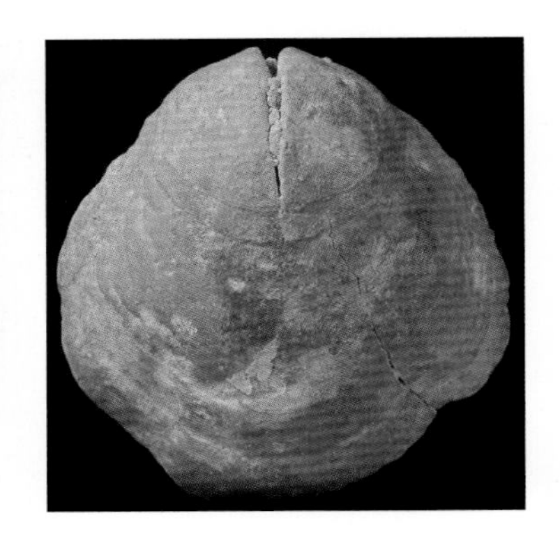

五房贝

五房贝（志留纪—泥盆纪）和正形贝（寒武纪—二叠纪）都属于腕足类动物。

腕足类动物曾经是古生代浅海底分布最广、数量众多的优势族群，但经过二叠纪末的大灭绝事件后就衰败了。此后，海洋宝座由双壳类所占据。现代的腕足类动物只分布在新西兰、日本等少数地区，部分种属更被迫往深海迁移。

珊瑚礁乐园和植物大登陆：志留纪

在瑞典的哥特兰岛上，到处都可以见到珊瑚礁。仔细一看，这些珊瑚礁里面居然全都是化石，包括层孔虫、床板珊瑚和四射珊瑚。它们可都是在志留纪常见的造礁生物。自从在奥陶纪中期出现第一批珊瑚以来，珊瑚种类和数量到了志留纪就大大增加了。

上个阶段很兴盛的浮游类笔石，例如单笔石和对笔石，仍然生活在海洋表面，但却在志留纪结束时灭亡，只剩下底栖类笔石。住在海底的动物还包括海百合以及各种腕足类动物，例如五房贝和正形贝。这些腕足类动物经常躲在珊瑚礁里面，以免受到掠食者的袭扰。一种名为板足鲎的节肢动物有着船桨般的脚和

板足鲎（hòu）

板足鲎（奥陶纪—二叠纪）和三叶虫是亲戚。靠着有力的“桨”，板足鲎成为了顶级的掠食者。

发达的复眼，外表吓人。它用脚在水中游泳并猎杀别的生物。

这个时期的另一重大事件是植物登陆了！植物要完全离开海洋到陆地上生活，必须先进行好几项转变。首先是要能扎根在土地里，因此需要有根部；其次它们也需要发展出角质层来防止体内的水分被蒸发掉；最后则需要维管束来支撑身体以及输送水分和养分。一开始登陆的植物，例如顶囊蕨，虽然已经拥有了简单的维管束，但仍然无法离水太远。到了志留纪晚期，陆地上有了更多样的简单维管束植物。不过，一直要到下一阶段——泥盆纪，植物种类才真正地大爆发。

随着植物登陆，以植物为食的节肢动物也陆续登上陆地，成为了蜘蛛、蝎子、蜈蚣等动物的祖先。

瑞典的哥特兰岛

整个哥特兰岛全是由志留纪的珊瑚礁岩所组成，仔细一看，这些珊瑚礁里面布满了各种动物化石，代表了当时生活在浅海地区的常见动物。

已灭绝的珊瑚种类

珊瑚造礁是让自身领地不断壮大的一种方式。我们在热带海边常见的珊瑚礁是珊瑚的外骨骼，真正的“主人”其实是一只只被称为珊瑚虫的小不点。这些珊瑚虫喜欢群聚在一起，并分泌碳酸钙来盖自己的“屋子”。旧屋主死亡后，新的珊瑚虫又在旧屋子上盖自己的新屋子。随着一代代的屋子被兴建，珊瑚虫的聚落就越来越大。

现代的生物礁石多是由一种被称为石珊瑚的动物所制造的，但在地球历史上却曾经有其他许多种不同的珊瑚默默地在制造礁石，例如四射珊瑚和床板珊瑚。

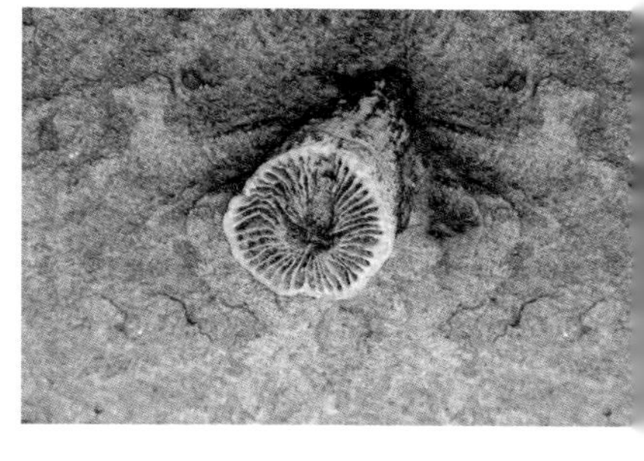

四射珊瑚

单体四射珊瑚（奥陶纪—二叠纪）经常呈现圆锥状或拖鞋状。

链状珊瑚

链状珊瑚属于床板珊瑚的一种，一只只珊瑚虫彼此连接，好像链子一样。

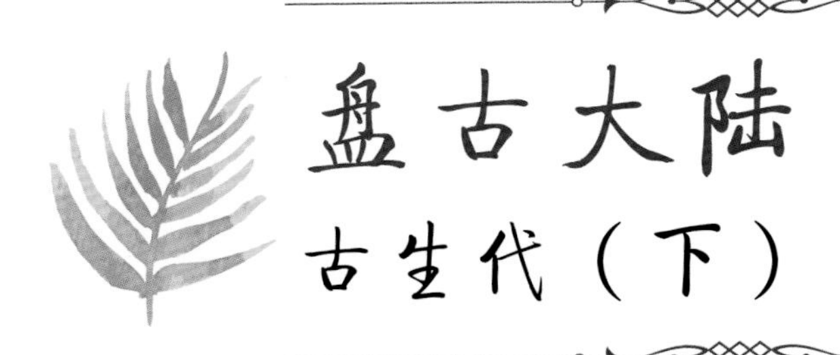

盘古大陆
古生代（下）

鱼类时代：泥盆纪

泥盆纪时，各种鱼类在海洋和淡水区域不断进化，让水中世界变得更加热闹非凡。不具下颌的头甲鱼带了一顶“头盔”，在海底缓慢地悠游。盾皮鱼是最早的有下颌鱼类，它的头部和胸部都覆盖了厚重的骨甲，因而得名。属于软骨鱼类的裂口鲨长度可达 180 厘米，流线型的身体让它成为游泳高手，强壮的咬合肌肉和尖锐的牙齿非常适合用来捕捉猎物。肉鳍鱼更是先进，它们属于硬骨鱼类，鱼鳍上还长出了肌肉。靠着发达的骨骼和肌肉，它们稍后就登上了陆地，成为两栖类和爬虫类的祖先。

邓氏鱼

邓氏鱼（泥盆纪）是盾皮鱼的一种，身长可达 10 米，是当时海洋里最大的掠食者，它使用强有力的下巴攻击并吞食各种鱼类。（上：头部化石；下：复原图）

陆地上的蕨类植物也把握机会不断演化，到了泥盆纪后期，蕨类植物变得更高大，并开始形成树林。很快，大地就被郁郁葱葱的森林所覆盖。受到陆地上丰富资源的吸引，肉鳍鱼类尝试登上陆地，并演化成早期的四足动

图 1　棘螈头部化石

棘螈（jí yuán）

棘螈（泥盆纪）的身长约60厘米，手脚各有7—8根指头，指间有蹼，很适合划水。虽然已经可以登陆，但它主要还是生活在河流里。

物。刚登陆的四足动物如棘螈仍住在河流里。它虽然拥有脚趾，但可能不是用来行走，而只是为了方便在河水中划行。更为进化的四足动物如鱼石螈已经拥有较强壮的前肢，能支撑自己的体重，因此可以在陆地上进行短距离的跳跃。不过，大部分时候它们仍在水里面生活。

时间到了3亿6000万年前，真正的两栖类终于诞生了！这只两栖类动物曾在爱尔兰的瓦伦西亚岛留下了足迹。由足迹可推断它的身长大约是1米，外表可能像现代的大山椒鱼。

自此，生命演化的焦点转移到了陆地上面！

从鱼类到两栖类

鱼类想要到陆地上生活，需要先准备好几项法宝，包括呼吸用的肺、对抗地心引力的强健肌肉，以及能帮助移动的脚。

泥盆纪末期，新翼鱼的4个鱼鳍上都拥有7只类似指骨的骨头，鱼鳍周围则长出了肌肉，它们用鱼鳍在浅水处拨开水草以寻找食物。这样的特征传给了后代，使潘氏鱼成为了肉鳍鱼中的登陆先锋。潘氏鱼能

图 2

图 3

古凤尾蕨（泥盆纪）

古凤尾蕨（泥盆纪）这种原始的羊齿类植物可能是最古老的“树”。（图 2：复原图；图 3：枝叶化石）

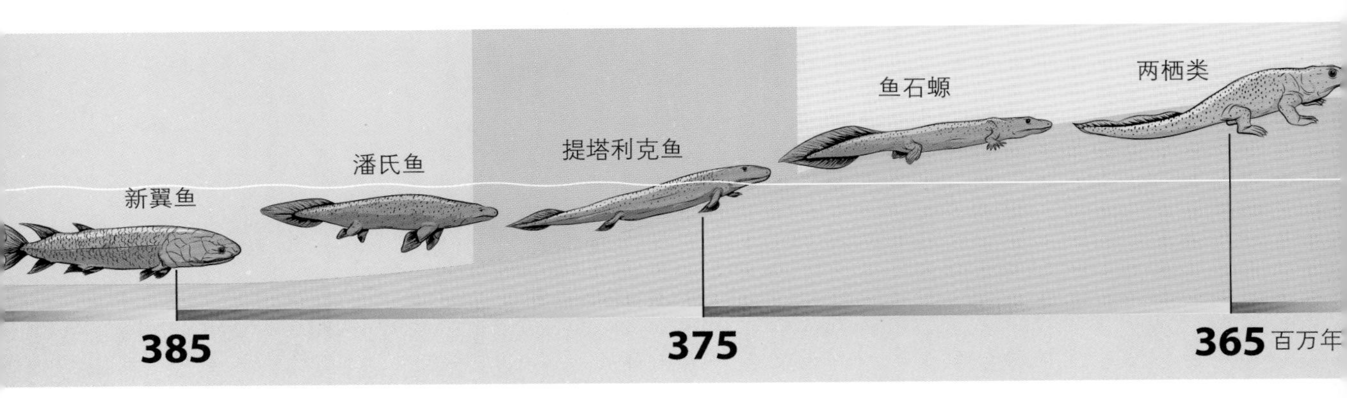

使用胸鳍攀爬到淤泥浅滩上面，进行短暂的日光浴。稍后，提塔利克鱼在头顶上方发育了气孔，说明它们已经可以在陆地上呼吸。接下来，胸鳍渐渐变成了前肢，腹鳍则变成后肢，鱼石螈靠着 4 只“脚”撑起了自己，慢慢地“走”向了陆地，演变成两栖类。

蕨类植物的时代：石炭纪

“石炭纪”顾名思义就是含煤的岩石。由于气候温暖潮湿，石炭纪的沼泽地中长满了 20—50 米高的鳞木、封印木，以及芦木等蕨类植物。这些“巨型蕨类”形成了广大的森林。一棵棵巨蕨倒塌并经过几亿年的掩埋后就成了丰富的煤炭资源，并造就了英国工业革命。可以说，这些巨型蕨类正是驱动人类生活现代化的最大功臣。

巨蕨森林也提供了丰富的食物，豢养着林间的各种动物。2 米长的千足虫生了 60 只脚，在森林底部缓缓爬行，以落叶枯枝作为食物；双翼长达 60 厘米的巨脉蜻蜓在林间飞翔，搜寻着陆地上的昆虫和两栖类动物；树甸螈偶尔躲藏在鳞木和封印木的树洞里，静静观察着外面的一切。到了石炭纪晚期，爬行动物也现身了。林蜥迈开四足在森林间奔跑，肆意捕捉倒霉的昆虫。

海百合

海百合（奥陶纪至今）出现于奥陶纪，繁荣于石炭纪，后因二叠纪和三叠纪的灭绝事件而渐渐衰退。目前仍可在海洋中看到它们的踪影。（上：现生海百合；下：海百合化石）

图 1　巨脉蜻蜓复原图

巨脉蜻蜓

巨脉蜻蜓（石炭纪）是地球上有史以来最大型的昆虫。由于体形巨大，需氧量也大，因此它们只能生活在大气氧含量较高的石炭纪。

图 2

图 3

大森林的出现也让地球环境产生了剧烈地变化。首先，陆生植物的光合作用使大气里面的氧气含量大大增加。据推测，石炭纪的大气氧含量是地球史上最高的时期，当时的氧气占比高达 35 %（现代只有 21 %）。此外，二氧化碳的减少也降低了全球的温室效应，这使得地球气候到了石炭纪后期逐渐转冷。

鳞木

鳞木（石炭纪）的树皮就像是一片片的鳞片，因此被称为鳞木。（图 2：复原图；图 3：树皮化石）

虽然焦点转移到了陆地上，海洋里面依然热闹非凡。头足类的棱菊石随处可见，它们是鼎鼎有名的普通菊石的祖先。披甲的盾皮鱼类已经消失了，肉鳍鱼也登上陆地，于是，海洋成为了辐鳍鱼的天下。即便到了现代，它们仍是海洋中最具优势的鱼类。原本盘踞在浅海海底的床板珊瑚和层孔虫，渐渐被海百合群落给取代了。海百合的茎部就像是一个个堆砌起来的小硬币，支撑着

树匍螈

树匍螈（石炭纪）的化石经常在鳞木或封印木的树干中被发现，因此它们可能是以树洞作为栖息地。

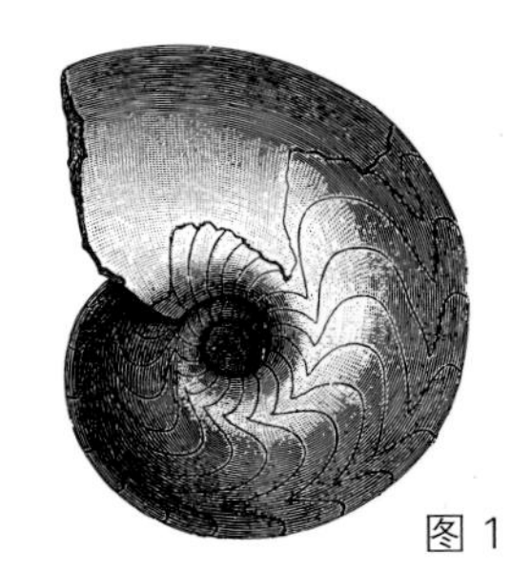
图 1

图 2

棱菊石

棱菊石（泥盆纪—二叠纪）是最古老的菊石类动物，舱房构造较为简单。图为黄铁矿化的棱菊石化石。（图 1：描绘图；图 2：化石）

它的触手以捕捉海水中的小生物。一种拥有碳酸钙外壳的单细胞动物——纺锤虫也现身在海里。虽然只是一个细胞，但有些纺锤虫却能长到 6 厘米大小！

菊石

菊石是一种有壳动物，在分类学上属于头足类，也就是章鱼和鱿鱼的亲戚（章鱼和鱿鱼的外壳已经退化了）。第一批菊石出现在泥盆纪，最后一批菊石则在白垩纪末期和恐龙一起灭绝。

跟所有的有壳头足类一样，菊石也会在自己的壳里面分割出好几间小小的舱房，并在这些空间中存储气体以获得浮力，让它们可以自由自在地在大海里遨游。

菊石的外壳看起来都差不多，但舱房的结构差异却很大。根据舱房的花纹和形状可以将菊石分成三大类：棱菊石、齿菊石、普通菊石。棱菊石的年代最早

克拉斯佩菊石

克拉斯佩菊石（侏罗纪—白垩纪）属于普通菊石，这种较晚期的菊石类都发展出相当复杂的舱房结构。

（泥盆纪—二叠纪），它的舱房花纹相对较简单；紧跟其后的齿菊石（二叠纪—三叠纪）则拥有较弯曲的舱房壁；和恐龙同一个时代的普通菊石（侏罗纪—白垩纪）发展出最复杂的舱房结构。由这些特征可以看出菊石类的舱房演化是由简单趋向复杂。

菊石类的外壳通常是螺旋状，但到了白垩纪后期，有些菊石类的外壳形状开始进一步发生变化。例如杆菊石拥有笔直状的外壳；奇异菊石的外壳则歪七扭八，让人误以为它是被谁不小心给弄坏了呢。

海洋动物大灭绝：二叠纪

二叠纪早期，陆地植物仍以蕨类为主，包括真蕨、种子蕨等。到了晚期，由于气候变得干燥，需水量高的蕨类植物渐趋衰微。原本繁荣于石炭纪的封印木和鳞木都消失了。较耐旱的针叶树，如松柏、苏铁、柯达木和银杏则开始兴盛起来，逐渐散布至地球各处。

稳坐陆地霸主宝座的仍然是两栖类动物，例如引螈、笠头螈和身长达 5 米的锯齿螈。它们持续进化出更能适应陆地环境的各项特征。然而，不肯落其后，努力争取生活空间的还有爬行动物，例如狭鼻龙、异齿龙、盾甲龙等。其中，异齿龙是当时的大型掠食动物，它拥有两种不同形状的牙齿，所以被称为“异齿”。

笠头螈

笠头螈（二叠纪）的头就像个回力镖，目前仍不清楚这样的形状有何功用，可能是用来增加浮力、吸引配偶或让掠食者难以吞咽。（左：化石；右：复原图）

异齿龙

有些人认为异齿龙（二叠纪）是一种恐龙，其实这是错误的观念。异齿龙在分类学上被归类为盘龙类。它与恐龙所属的蜥臀类和鸟臀类不同。和异齿龙一起被分在同一类的还有基龙。

不过，看过异齿龙的人恐怕还是对于它的“背帆”更有印象吧！这具大大的背帆是用来调节体温的，可能也具有求偶或阻吓敌人的作用。

二叠纪中期以后，哺乳类动物的祖先兽孔类成为陆地上的优势族群。族群里面有老鼠一般大小的罗伯特兽，也有壮硕如牛的麝足兽和冠鳄兽。它们的四肢已经可以直立，走路方式更趋近于哺乳类动物。兽孔类的一脉“犬齿兽”在二叠纪晚期登场。它几乎拥有所有哺乳类动物的特征，包括四肢直立、具有毛发和臼齿、绝佳的听力，且可能已经是温血动物。

让我们再回头来看看海洋里面，会发现海洋动物也没闲着。有些鱼的身上已经有了鱼鳞。棱菊石将“演化棒子”交接给了齿菊石。原本盘踞海底的苔藓虫和三叶虫趋于灭绝，取而代之的是海百合、四射珊瑚和腕足类动物。就在一切看来欣欣向荣之际，突然发生

图1

图2

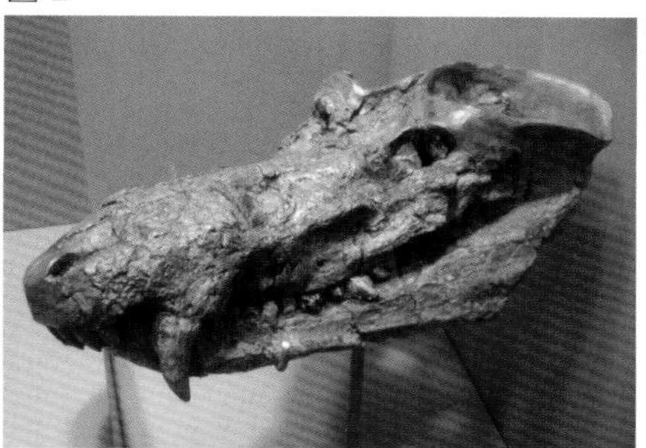

犬齿兽

犬齿兽（二叠纪—白垩纪）已经拥有许多哺乳类动物的特征，是现代哺乳动物的祖先。它的头骨构造和狗很相像，却比狗大得多。（图1：描绘图；图2：头部化石）

图3

图4

麝足兽

拥有厚重头颅的麝足兽（二叠纪），身长可达5米，但却是草食性动物。（图3：复原图；图4：化石）

了原因不明的大灭绝事件，90％以上的海洋生物从此在地球上消失。

古生代的三次大灭绝事件

在地球上，过去5亿年来发生过5次大灭绝事件。造成大灭绝的原因有许多，但大致可以分成两个因素，包括外部因素如天外星体撞击地球，以及内部因素如火山活动、甲烷水合物释放。这些因素会导致全球的气候、海平面或大气状况发生改变，从而影响生物的生活环境。

不论是哪种原因，每次大灭绝事件都在短时间内使地球上过半数的物种消失。然而，仍有一些生命力强韧的物种可以忍受灾变所带来的恶劣环境而平安存活下来，它们也随即在下一个世代成为优势族群。所以说，大灭绝事件虽然破坏力很惊人，却也让可以适应变化的生物有了蓬勃发展的新机会。大灭绝事件确

实是名副其实的“天择力量”。

在古生代3亿年的时间中，地球上一共发生了3次大灭绝事件，分别在奥陶纪末期、泥盆纪末期以及二叠纪末期。

一、奥陶纪末期大灭绝：此次事件发生于4亿4000万年前，使得60％的海洋生物种灭绝。造成大灭绝的原因有一种说法是冈瓦纳大陆漂移到了南极，进而改变了全球的环流系统，造成气候变冷以及海平面大幅下降。当时，大陆边缘浅滩环境因为海退而露出，对于原本栖息在此的生物造成了重大打击。

二、泥盆纪末期大灭绝：此次大灭绝发生于3亿7000万年前，当时有82％的浅海生物种消失在地球上，但不清楚陆地生物受到了什么影响。此次灭绝事件持续的时间较长，因此无法确认原因究竟是什么。

显生宙以来的5次大灭绝事件

此图为过去5亿5000万年来，海洋动物属的灭绝比例。图中数字分别代表五5次大灭绝事件（1.奥陶纪末期大灭绝；2.泥盆纪末期大灭绝；3.二叠纪末期大灭绝；4.三叠纪末期大灭绝；5.白垩纪末期大灭绝）。

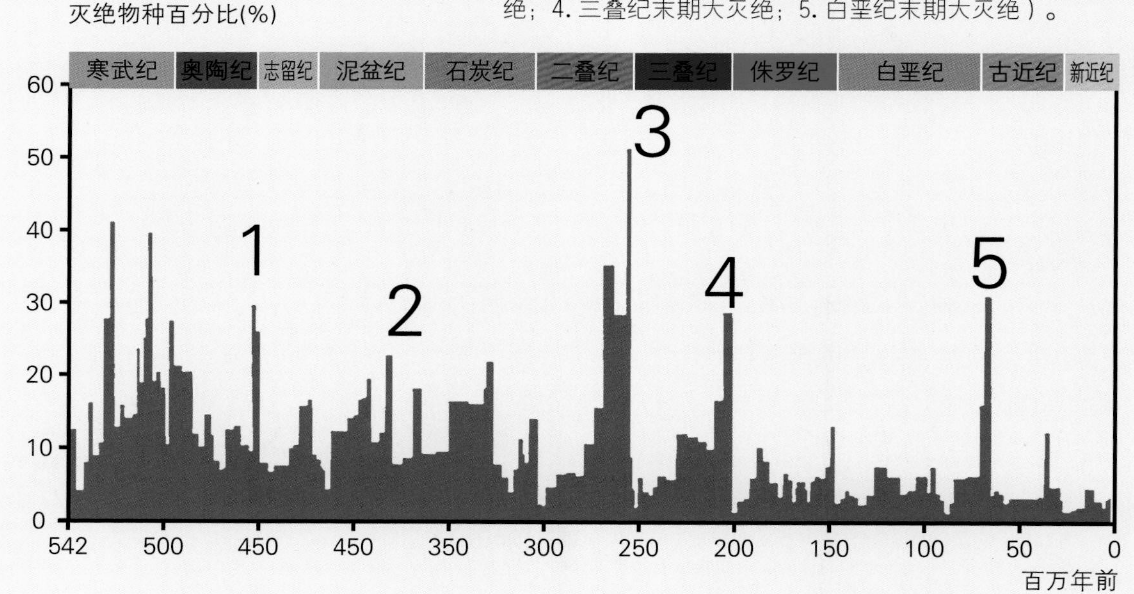

相关的解释有很多，包括外星天体的撞击、气候变冷、底层海水缺氧等。

三、二叠纪末期大灭绝：发生于2亿5000万年前的这个灭绝事件是地球历史上规模最大的一次，总共导致90%以上的海洋生物种永远消失，包括三叶虫、纺锤虫、四射珊瑚和床板珊瑚。菊石类和腕足类的损失也相当惨重，而陆地上亦有70%的生物灭绝了。

造成此次大灭绝的主流说法是异常猛烈地火山爆发，释放出大量的火山气体（二氧化碳）。也有人认为可能是海底蕴藏的甲烷水合物突然喷发，释放出大量的甲烷。不论是哪种原因，最后都造成严重的温室效应，导致全球的气温增高了5—10摄氏度，并持续了1万年到10万年之久，最终导致大量生物灭绝。此外，盘古超大陆的形成改变了全球洋流系统，可能也是促使生物灭绝的其中一项原因。

盘古大陆

德国人魏格纳在1915年的著作《海陆的起源》中提到，地球上曾经有一个巨大的大陆“盘古”，而盘古大陆分裂后才形成地球现在的海陆分布。究竟他所说的盘古大陆是怎么一回事呢?

魏格纳

古生代时期，地球的南北各有一个大陆。南半球大陆被称为冈瓦纳大陆，是由现在的非洲、南美洲、南极洲、大洋洲和印度所集合成的；北半球大陆被称为劳亚大陆，包括现在的北美洲、欧洲和西伯利亚（亚洲）。两块大陆彼此碰撞并聚合在一起，最后于3亿年前的二叠纪形成了盘古超大陆。

盘古超大陆中部地区，也就是赤道附近，有6000千米长的大山脉。大陆本身则被盘古大洋和古特提斯洋给包围。这样的地理改变了全球的洋流系统和大气循环系统，也对生物的进化和灭绝起了决定性的影响。

巨兽兴衰
中生代

恐龙兴起：三叠纪

二叠纪末期的大灭绝事件使得原本盘踞海底的腕足类动物步入衰退，进入三叠纪后，空出来的栖地就被双壳类给占领了。同样的情形也发生在珊瑚身上。四射珊瑚和床板珊瑚的灭亡，使得石珊瑚（六射珊瑚）有了发展的机会，它们一直繁荣到今日。逃过大灭绝的齿菊石展开新的生活，发展出复杂的壳内舱房结构，并在侏罗纪时演化出新的种类——普通菊石。海洋里面的辐鳍鱼类也恢复了优势，再度成为数量众多的族群。

板龙

板龙（三叠纪）的特征是脖子很长，让它们可以吃到高处的叶子。板龙能用两足站立和行走，属于原始的蜥脚类。

翼龙

翼龙（三叠纪—白垩纪）的双翼是由皮肤和肌肉所组成。它们是主龙类的一支，但并不属于恐龙的蜥臀目或鸟臀目，而属于翼龙目。

原鳄龟

原鳄龟（三叠纪）是目前发现最古老的陆生乌龟。

陆地上的气候渐趋炎热，使得盘龙类和兽孔类数量减少，体形也越来越小。于是，爬行动物成为陆地霸主，其中又以主龙类发展得最好。地面上的主龙类首先以各种鳄鱼为主，但在恐龙出现后，鳄鱼就失去了优势。很快，恐龙的始祖们就一一登场了。刚现身的恐龙大部分是草食性的，例如槽齿龙和板龙，也有肉食恐龙如艾雷拉龙。板龙是三叠纪时最大型的陆地动物，身长可达 10 米，体重则接近 7000 千克，比现代非洲象还巨大。陆地上还出现了最古老的乌龟：原鳄龟。虽然和现代乌龟一样拥有龟壳，但原鳄龟的颈部和尾巴都长了尖刺。专家推测这是因为它们无法把自己缩进龟壳里，只好发展出这样的特殊防御武器。

或许是因为陆地的竞争太过激烈，到了三叠纪晚期，有些爬行动物尝试往天空发展。它们长出了翼膜，让骨头变中空以减轻重量，最后演化成了翼龙。有些爬行动物甚至重新投入海洋的怀抱，最后演变成鱼龙和蛇颈龙。它们把脚又改成了肉鳍，以菊石、鹦鹉螺和鱼类为食物来源。

很不幸，到了三叠纪末期又发生了一次大灭绝事

蛇颈龙

蛇颈龙（三叠纪—白垩纪）身体很宽大，但尾巴很短，身长可达14米。蛇颈龙和鱼龙一样，都是卵胎生动物。它们会让受精卵在体内孵化成长，最后在海水中生下宝宝。蛇颈龙不是恐龙，而属于蛇颈龙类。

鱼龙

鱼龙（三叠纪—白垩纪）的外形类似鱼，又像海豚，身长2—15米。有些鱼龙长长的嘴巴里面布满利齿，可直接捕捉游泳的猎物。有些鱼龙则没有牙齿，可能是以吸吮的方式进食。鱼龙不是恐龙，而属于鱼龙类。

件，使得海洋里面的牙形石和直角石完全消失，陆地上的大型两栖类和兽孔类也趋于灭绝。幸好，兽孔类的其中一支——巨带齿兽存活了下来。它们的体形跟老鼠差不多，但却是之后所有哺乳类的共同远祖。

巨带齿兽

巨带齿兽（三叠纪—侏罗纪）的体形就跟老鼠一般，是目前已知最早的哺乳动物之一。

三叠纪末期大灭绝

此次大灭绝事件发生于两亿年前，地球上 76％的生物就此消失，尤其是海洋生物。发生灭绝的可能原因之一是外星天体撞击。科学家找到了两个在撞击时间上接近三叠纪末期的陨石坑，其中一个是加拿大魁北克省的“曼尼古根陨石坑”，直径为 100 千米。另一个是法国的“罗什舒阿尔陨石坑”，直径只有 21 千米。

由于撞击年代不十分确定，以及陨石坑尺寸太小，因此也有人认为导致此次灭绝事件的“凶手”根本不是外星天体。新的论点包括地球普遍缺氧、气候变化和大规模火山爆发等。不论如何，恐龙等爬行动物都

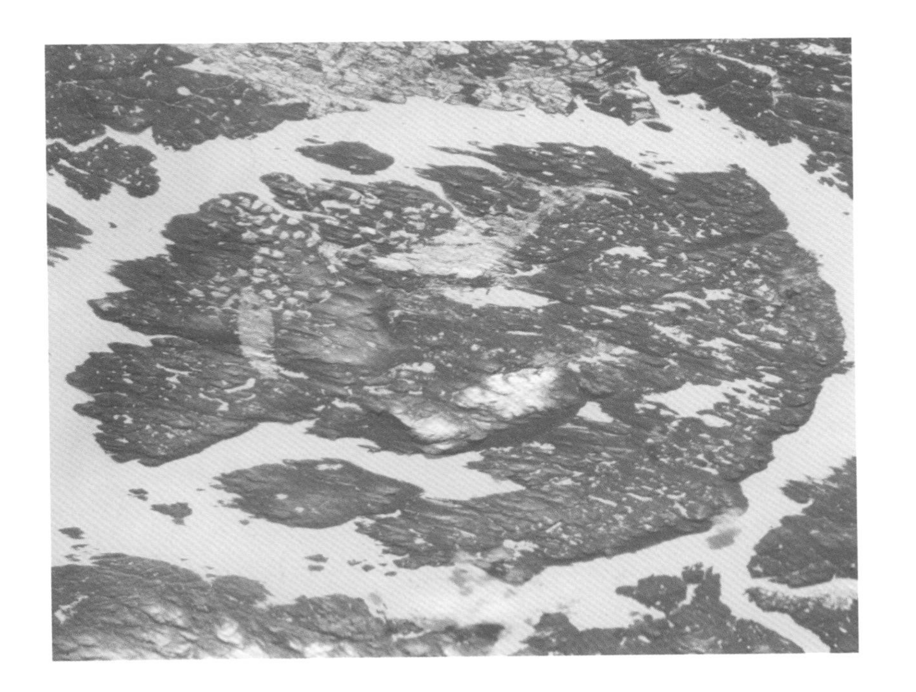

曼尼古根陨石坑

这个陨石坑是在两亿年前由一个直径 5 千米的天外星体撞击所造成，很可能就是造成三叠纪末期大灭绝事件的主因。但经过详细研究后，科学家发现它的形成年代似乎比三叠纪结束时间还早了 1000 万年，因此还无法完全认定它就是“凶手”。

图 1　马门溪龙复原图

马门溪龙

马门溪龙（侏罗纪）的身长可达 26 米，脖子长度就占了一半。它是曾经生活在地球上脖子最长的动物。马门溪龙属于蜥脚类。

剑龙

剑龙（侏罗纪）身长 9 米，高度约 4 米。尾巴的尖刺和背部的五角形盾板可能是防御之用，也可能是用来调节体温或吸引异性。剑龙属于鸟臀类。（图 2：复原图；图 3：化石）

克服了这段危机，变得更多样化，并迎来了“爬虫类时代”。

大型恐龙的时代：侏罗纪

侏罗纪初期，由于刚经历过大灭绝事件，许多动物还未从灾变中复原，这就给了恐龙兴旺的机会，并在接下来 1 亿 5000 万年主宰着地球。此外，侏罗纪的气候相当温暖，使得陆地上满布了由裸子植物所组成的大森林。丰富的食物来源也让恐龙渐趋大型化。

体形巨大的迷惑龙和马门溪龙摆动着长长的脖子，享受着高处的树叶和地上的植物。成群结队的剑龙拥有吓人的盾板和尖刺，让掠食者不敢轻易冒犯。这时候的哺乳动物顶多只有猫的大小，躲躲藏藏地尽量避开恐龙，或者仅在大型巨兽睡觉时才敢出没。

图 2

图 3

到了侏罗纪晚期，始祖鸟登场了。它的大小和形状类似于现代的喜鹊，是由用双脚行走的有羽毛肉食恐龙所演化出来的。始祖鸟还保有许多肉食恐龙的特征，例如拥有牙齿和粗壮的脚趾，但它的牙齿边缘没有锯齿，尾巴比恐龙短，而前肢却偏长。始祖鸟可能会飞，但不像现代的鸟类飞得那么好。始祖鸟的后代包括了著名的孔子鸟、长城鸟等。这些鸟的牙齿则已经退化消失了。

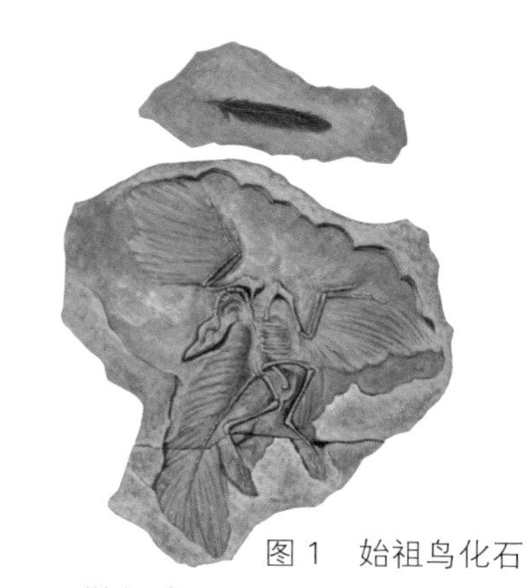
图 1　始祖鸟化石

始祖鸟

受到全世界确认的 11 具始祖鸟（侏罗纪）化石都出土于德国索伦霍芬。这 11 具始祖鸟化石中，保存最好的是“柏林标本”，连羽毛的痕迹都还存在。

三叠纪末期的大灭绝事件让齿菊石从海洋里消失踪影，取而代之的是普通菊石。由石珊瑚组成的珊瑚礁内藏有各种鱼类和普通菊石，躲避着鱼龙、蛇颈龙和箭石的攻击。箭石的外表类似鱿鱼，拥有 10 只触手。面临紧急情况的时候，箭石也会喷出墨汁来迷惑敌人，然后趁机逃跑。在这个时期，海水中还冒出了一大群

图 2

异特龙

异特龙（侏罗纪）身长可达 13 米。它的头部很大，但也有粗壮的后肢和尾巴，借以达到平衡。异特龙属于兽脚类。（图 2：复原图；图 3：化石）

图 3

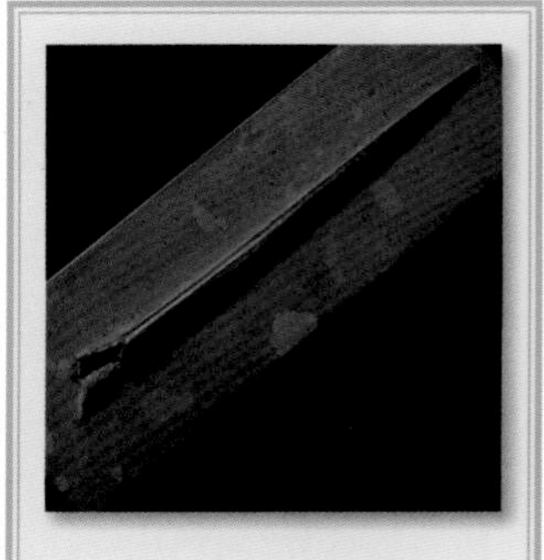

箭石

箭石（三叠纪—白垩纪）虽然外表像鱿鱼，但体内却有箭头状的甲壳。它们所留下的化石，大部分都是这个箭头壳，故得名箭石。

浮游性生物，包括球石藻类和有孔虫类。这些微小的生物利用大气里面的二氧化碳来制造外壳，死亡后就沉积在海底，形成白色的泥土——白垩土。

恐龙

恐龙出现于三叠纪晚期，繁盛于侏罗纪和白垩纪。恐龙在三叠纪晚期开始区分成两大类，在分类学上被称为“鸟臀类”和“蜥臀类”。其中，蜥臀类又可再分为“蜥脚类”和“兽脚类”。顾名思义，蜥臀类指的是这种恐龙有着和蜥蜴一样的髋关节（也就是大腿骨和骨盆连接的地方），而鸟臀类则是髋关节像鸟类的恐龙。鸟臀类和蜥脚类的恐龙都是草食性，而兽脚类的恐龙则为肉食性。在这样的分类标准下，有许多大家曾经以为的恐龙，其实都不能算是恐龙，例如异手龙（翼龙类）、鱼龙（鱼龙类）和蛇颈龙（蛇颈龙类）。

我们对于恐龙的认识都是来自它们所留下的化石。

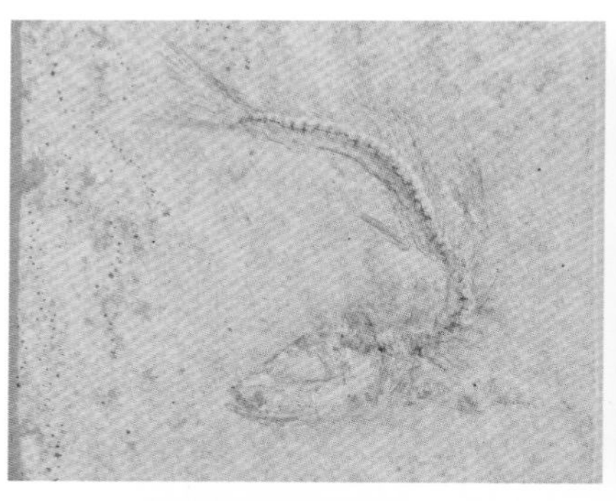

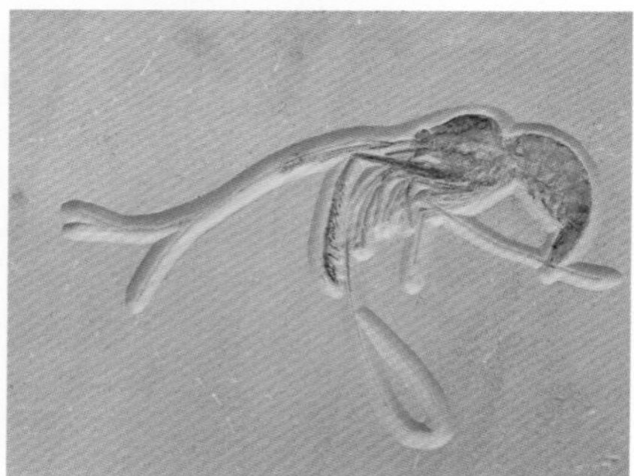

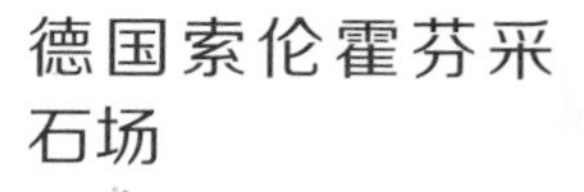

德国索伦霍芬采石场

除了始祖鸟外，此地出土的化石还包括鱼类、翼龙、昆虫、虾等。

大部分保留下来的化石是牙齿和骨头，在特殊埋藏条件下则可能留下毛发，甚至是表皮。科学家可以从化石中解读出许多讯息，如恐龙的性别、走路姿势、进食方式、表皮颜色、健康情况等。例如：看到了圆锥状的牙齿，就可以推测这是肉食性恐龙；而若是看到树叶状或汤匙状的牙齿，则应该就是草食性恐龙。世界上较著名的恐龙化石产地包括蒙古戈壁沙漠、阿根廷的伊斯瓜拉斯托、加拿大埃布尔达省的省立恐龙公园、美国的恐龙国立纪念馆等地方。

恐龙国立纪念馆

美国的恐龙国立纪念馆内保留了一个出土大量侏罗纪恐龙骨头的天然岩壁，参观者可以在岩壁上找到如剑龙、异特龙、梁龙等恐龙的化石。最大的骨头有 170 厘米长。

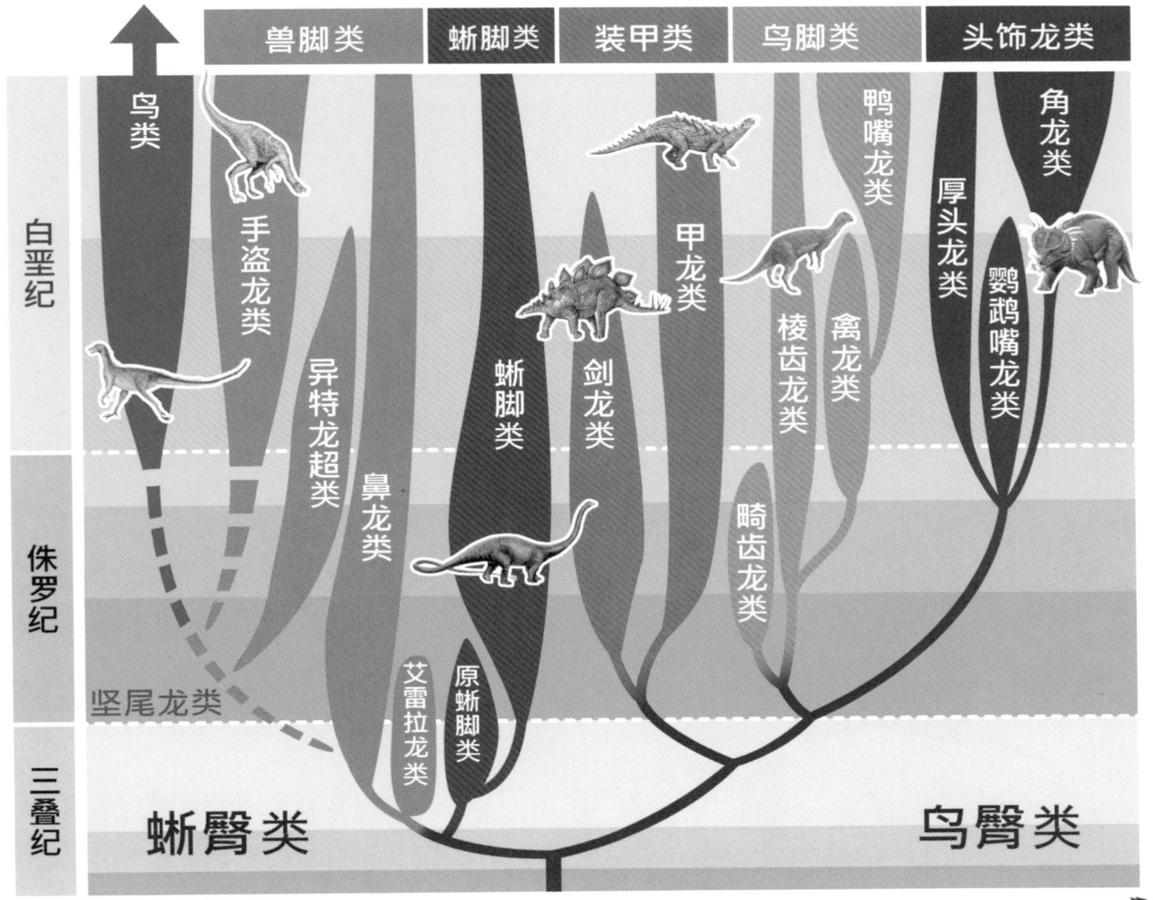

白垩断崖

英国东南部的滨海地区都可见到这种白垩断崖。这是在白垩纪中期，由一种叫作球石藻的遗骸慢慢堆积而成。

沧龙

沧龙（白垩纪）拥有巨大的头部和尖锐的牙齿，身长 17 米。它生活于海洋表层，以菊石和鱼类为食。

地球浸水时代：白垩纪

原本存在于二叠纪的盘古大陆，到了白垩纪已经分崩离析。温暖的气候使得海平面比现代高出 250 米，这也让许多大陆的边缘被海水给淹没，据估计，当时的陆地面积只有今天的一半。因此，白垩纪又被称为“地球浸水时代”。

广阔的浅海环境让大量浮游生物生存其间。浮游生物被埋藏后会变成碳氢化合物，最后就形成石油。我们现在所使用的石油，大部分都是在白垩纪这个时代所生成的。此时，能制造出碳酸钙外壳的球石藻类和有孔虫类也相当繁盛，它们死亡后就沉落到海底，堆积出一层层的白垩土。所以白垩纪的大海又被叫作“石灰质的海”。

原本称霸海洋的鱼龙

鸭嘴龙

鸭嘴龙（白垩纪）的臼齿很发达，可将大量植物咬碎。鸭嘴龙属于鸟臀类。

图 1

图 2

三角龙

三角龙（白垩纪）身长 7 米，头部像戴了面具，眼睛上面有两根长角。科学家曾经发现过被这种角给刺穿的暴龙骨头化石，因此这对角应该是用来防御掠食者的。三角龙属于鸟臀类。（图 1：复原图；图 2：头部化石）

于白垩纪中期灭亡，取而代之的是蛇颈龙以及刚进入海洋的沧龙和海王龙。海底则被石珊瑚和双壳类所占据。为了躲避肉食性的螃蟹和螺壳类，这些双壳类将自己埋进泥沙里。

陆地上不再只有裸子植物的绿色，各种开花植物陆续现身，它们的美丽花朵点缀了单调的大地。恐龙仍然是陆地的优势族群，新出现的白垩纪恐龙，如草食性的鸭嘴龙、三角龙、板龙，肉食性的鲨齿龙、暴龙都让恐龙家族更加壮大。哺乳动物和鸟类虽然依旧弱势，但也发展出了许多种类。昆虫也不落人后，蚂蚁、蝴蝶、蜜蜂都一一现身。

图 3

图 4

暴龙

牙齿像一根根香蕉的暴龙（白垩纪），颌部肌肉发达，牙齿可用来敲碎猎物的骨头，或者用此打斗。它们身长约 12 米，后脚粗壮，前肢细小且只有两根指头，属于兽脚类。（图 3：化石；图 4：复原图）

文斯掠兽

文斯掠兽（白垩纪）是生活于白垩纪的哺乳类。由复杂的牙齿构造可以看出，它们已经像现代哺乳动物一样能够更有效地处理食物。

不料，这样一片平和宁静的场景，却在6500万年前被一颗直径10千米的小行星给彻底破坏了！

白垩纪末期大灭绝

6500万年前，一颗直径10千米的小行星以每秒10千米的速度进入地球大气层，掉落到现在的墨西哥尤卡坦地区。此一撞击事件造成了深达数十千米、直径超过200千米的陨石坑，并导致全球75％的生物灭绝。海洋中的普通菊石和爬行动物全部死亡，恐龙也从地球上永远消失。鸟类和哺乳类虽然承受了巨大的伤害，但仍存活下来。

或许你会觉得奇怪，地球那么大，一颗10千米的小行星怎么可能造成这么大的破坏力呢？实际上，地球的海洋地壳厚度只有5千米，而大陆地壳厚度为40千米。这样一比，你就知道这颗小行星的尺寸是很惊人的。据估计，这次撞击的爆炸规模是人类所有核武器同时爆炸的万倍以上。爆炸所产生的冲击波让周围空气压缩，并瞬间加热到数万度高温，使陨石坑周围数百千米内的地区发生了大火灾。

刘易斯·阿佛雷兹和沃特·阿佛雷兹拍摄于意大利古比奥

这对父子于1981年提出撞击理论。他们发现在白垩纪/第三纪交界层的黏土里含有大量铱元素，从而证明了曾有一颗外星天体掉落地面。这种交界层在全世界有350处，标准露头则在意大利的古比奥。

撞击也让数千吨的岩石被炸飞到半空中。有些碎片进入太空，又重新落回地面。整个天空因为这些成群落下的小陨石而成为暗红色。许多陨石落回地面时造成大面积的森林火灾，超过一半的地球植物在数星期内几乎燃烧殆尽。天火也在数小时内夺走大半生物的生命。

撞击和森林大火所产生的灰尘进入大气层后，阻碍了全球日照达数月甚至数年之久，整个地球气温因而下降。在这段时间内，残余的植物无法进行光合作

用，导致许多以植物为食的动物饥饿而死，而狩猎草食动物的肉食动物也因此灭亡。整个食物链崩溃了，只剩下食腐生物存活其间。

最后，撞击所产生的高热让大气层温度急遽升高，将空气中的氧和氮结合成一氧化氮。一氧化氮和水汽又结合成酸雨，使得全球海洋表面以下 90 米以内的海水都变成酸的。这样一来，连海洋生物都无法生存了。

墨西哥，尤卡坦半岛的希克苏鲁伯陨石坑。

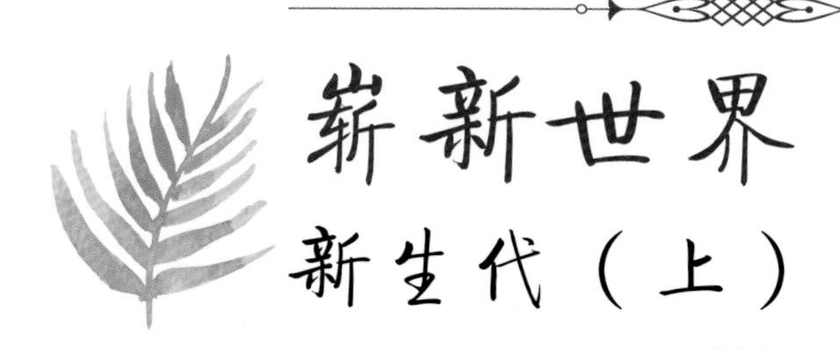

崭新世界
新生代（上）

哺乳动物崛起：古近纪和新近纪

最早期的哺乳动物长得像老鼠，身长仅有 15 厘米左右。它们的牙齿有不同的形状，且各具功能：啃咬、撕扯、咀嚼。它们的颌部结构和现代动物极其类似，可以同时进食和呼吸，因此拥有高效率的消化系统，可以从食物中快速摄取能量。稍后，哺乳动物躲过了好几次灾变，和恐龙在地球上一起生活了一阵子。

冠齿兽

冠齿兽（古新世—始新世）是脑部与体形比例最小的哺乳动物。冠齿兽的体重高达 500 千克，但脑却仅有 90 克。

白垩纪末期，小行星撞击地球后，体形巨大的恐龙由于食物不足，又找不到地方躲藏，最后就灭绝了。相比之下，娇小的哺乳动物需要的食物较少，也可在地洞里躲避灾害，因此存活概率较高。这些免于灭绝的哺乳动物发现新的世界中充满了各种新奇的资源，而过去的竞争对手也消失了。于是，哺乳动物开始进化出各式样貌，能适应各种环境，并逐渐填充了由恐龙所让出的生态空间。

古鬣齿兽

古鬣齿兽（古新世—中新世）具有长形的头部，细长的身体。它的行动敏捷，是可怕的掠食动物。

古新世（6500 万年前—5600 万年前）

笨重的冠齿兽是吃草的大型哺乳动物，它们像河马一样生活在水中。

由于上肢长而下肢短，冠齿兽的行动总是很缓慢。古鬣齿兽大概只有狐狸或狗一般大小。它具有敏锐的嗅觉，牙齿也适合用来撕开猎物肌肉，是那个时代的肉食哺乳动物。我们人类所属的灵长类动物可能也已经出现在这个时代。近猴的外观类似松鼠，喜欢生活在树上，以水果和树叶为食物。不过，由于它们的手脚上长着脚爪而非指甲，其牙齿形状也比较接近老鼠，因此有科学家认为它们其实不算是灵长类。

除了哺乳动物外，鸟类和爬虫类也占据了一席之地。两米高的巨大鸟类不飞鸟取代恐龙成为陆地之王。虽然因过重而无法飞翔，但它的奔跑速度很快，又具有尖爪和强力的鸟喙，因此是森林里面的凶猛动物。住在热带森林中的泰坦巨蟒是当时最大的脊椎动物，虽然不具毒性，但却相当凶猛，连鳄鱼都可能变成它的食物。当时的鸟类和爬行动物会有如此巨大的体形，可能是因为恐龙刚消失，而新的哺乳类掠食者也还未现身。

不飞鸟

不飞鸟（古新世—始新世）身长2米，用两只脚走路和奔跑。它会用强有力的脚踢死猎物，再以巨大的喙和尖爪捕食。不过也有科学家认为它们是草食动物。（左：复原图；右：化石）

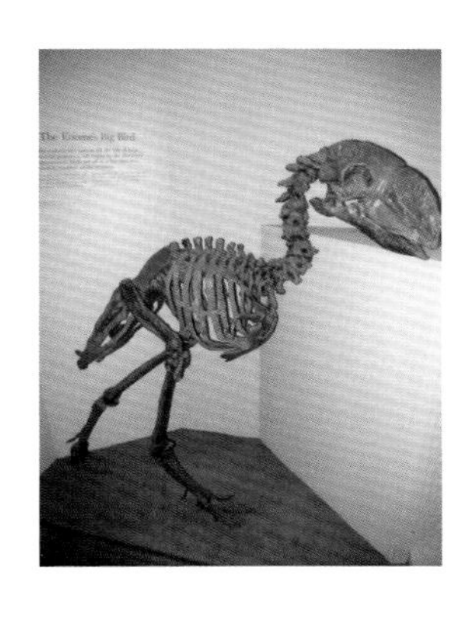

泰坦巨蟒

15米长的泰坦巨蟒（古新世）身型粗壮，可能以鳄鱼为食物。

始新世（5600万年前—3400万年前）

早期的有蹄类动物于这个时代登场，它们是现代的奇蹄目动物（如马、骆驼和犀牛）以及偶蹄目动物（如鹿、牛和绵羊）的祖先。伪齿兽是草食性的有蹄

安氏中兽

安氏中兽（始新世）身长 4 米，而头部就占了 1 米。它的脚上有蹄，因此被归类为有蹄类动物。虽然外表凶恶，但它却与绵羊和山羊有亲戚关系，被戏称为“披着狼皮的羊”。

类动物，它的四肢很长，善于奔跑，可在茂密丛林中躲避掠食者。头部很大的安氏中兽有着和狼一样的粗壮身体以及锐利牙齿。它虽然是有蹄类动物，却是肉食性的。相较之下，现代的有蹄类动物可都是吃素的。长着奇数脚趾的原古马和古兽马住在森林中，以嫩叶和浆果为食。虽然它们是始祖马的后代，但却不是现代马的直系祖先。真正的早期马是山马，也来自始祖马，其后则逐渐演化成现代马。山马的头部虽然像马，但四肢短且身体矮壮。虽然它的前臼齿已经变得比始祖马大了，但仍以树叶为食物，因此这种古老的马也住在森林里。马的牙齿要演化到足够大，才能搬迁到草原上啃食较硬的禾草。因此，牙齿大小是用来判断马的演化阶段的重要依据。

其他住在森林里面的动物还包括身体和现代犀牛差不多大的尤因它兽。它们有着宽大的臼齿，享受着青草和嫩叶。长鼻跳鼠拥有长长的鼻子和后脚，在森林的地面上奔跑并追逐着昆虫和蜥蜴。可怕的肉食动

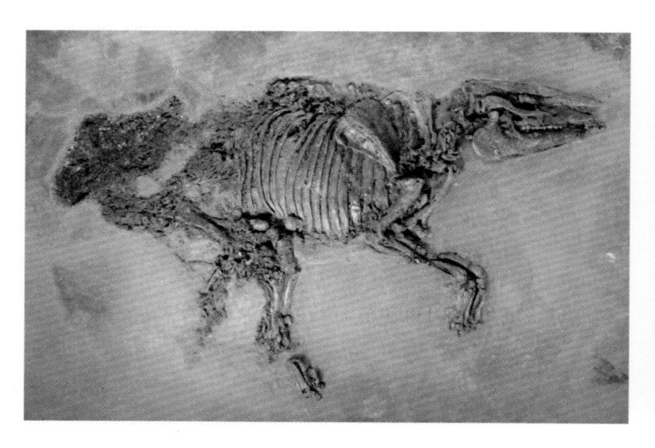

原古马

原古马（始新世）是由始祖马演化而来，但并不是现代马的祖先。它的脖子和前腿都很短，因此奔跑速度并不快。

山马

今天的马有平直的后背，但这种早期的山马（始新世）后背柔软，像狗一样。

图 1
尤因它兽复原图

尤因它兽

尤因它兽（始新世）的头上长了6只角。从臼齿形状可以看出它属于草食性动物，巨大的上犬齿则可能用以防御。虽然身长达3米，但脑子只有苹果般大小。

物如短鬣齿兽是最早的有剑齿哺乳动物，可是体形却比一只家猫大不了多少，显然无法对付大型猎物。目前确认最早的灵长类之一是北狐猴。它们靠着长长的尾巴和四肢，在森林的树枝之间轻易地攀来荡去，以果实和昆虫为食。

此时，最古老的蝙蝠也现身了。食指伊神蝠的前肢十分发达，指骨特别长。它有大大的耳朵和肉肉的鼻子，可利用回声定位来捕食昆虫。古小翼手蝠的翅膀结构则适合低空飞行，使它能贴近水面捕食昆虫。

现代鲸鱼的祖先——巴基鲸已经出现在水边。它的外形像是耳朵较小的狼，多数时间待在陆地上，只在捕捉鱼类和贝类时才会下水。它的耳

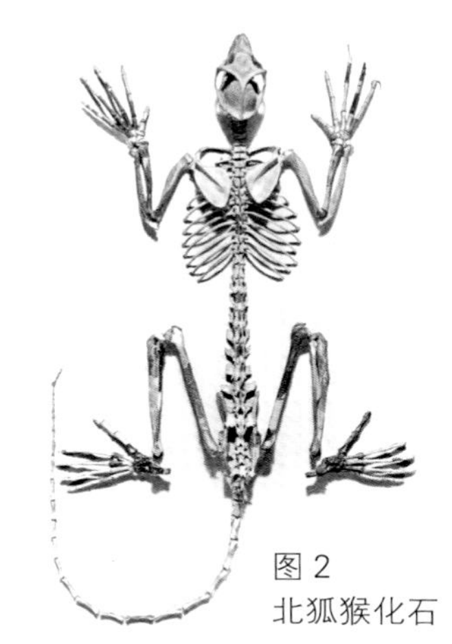

图 2
北狐猴化石

北狐猴

北狐猴（始新世）长长的后肢和尾巴让它可以轻松爬树，或在树林里面跳跃。

图 3　长鼻跳鼠化石

长鼻跳鼠

虽然被称为跳鼠，但实际上是用后脚奔跑的动物。

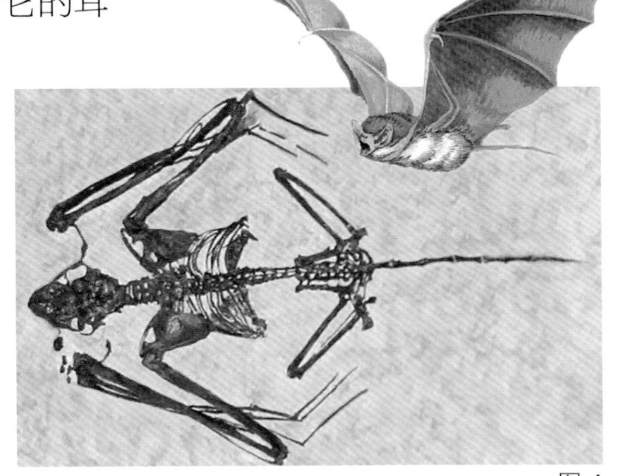

图 5

图 4

食指伊神蝠

食指伊神蝠（始新世）是目前发现的最古老蝙蝠，食指伊神蝠具有长长的尾巴，这是现代蝙蝠所没有的特征。（图 4：化石；图 5：复原图）

巴基鲸

巴基鲸（始新世）的头部像鲸鱼，身体却像偶蹄目动物。它是陆地哺乳动物和鲸鱼的中间类型。

图 1
巴基鲸复原图

图 2
货币虫化石

货币虫

在埃及金字塔附近的地面上随便捡一块碎石，就会看到上面有许多货币虫（古新世—渐新世）。古埃及人用来堆金字塔的石灰岩，其实正是由五千万年前这种货币虫化石黏结而成的。

部构造让它可以在水中听见声音。另外一种被称为罗德侯鲸的早期鲸鱼长得更像现代鲸鱼了。它虽然有脚，但脚趾间有蹼，说明能够靠脚掌游泳前进。它几乎完全在水中生活，只会偶尔爬上陆地。

海洋中还冒出了一种微小生物，它们是有孔虫的一种，形状和大小跟硬币差不多，因此被称为“货币虫”。

渐新世（3400 万年前—2300 万年前）

渐新世时，哺乳动物的体形越来越大。

重脚兽的体积和外貌都很像犀牛，四肢却像大象，可是重脚兽却和这两种动物都没有亲戚关系。重脚兽最大的特征是头部长了两只角，角的后侧还有一个小突起。重脚兽以树叶为食，喜欢住在靠近水边的地方。它的邻居包括了焦兽和角雷兽，它们都喜欢吃水草和

图 3

重脚兽

重脚兽（渐新世）拥有长长的四肢，代表它们应该跑得很快；而粗壮的大脚也让它们可以站立在湿地环境中，因此可能住在水边。（图 3：头骨化石；图 4：复原图）

角雷兽

跟其粗壮的体形相比，角雷兽（始新世—渐新世）的头部较小。它们可能是群居的动物。

图 4

图 5
角雷兽复原图

嫩叶。焦兽的鼻子略长，看起来像大象，但却不是大象的同类。它被取名为焦兽可不是因为它会喷火，而是因为它的化石是在火山灰的地层中被发现的。角雷兽的外观也像犀牛，但其实在关系上更接近马。它的鼻子上长了巨大的 Y 型角，可能是用来和同类争夺食物、地盘和异性的。

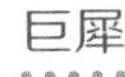

巨犀

巨犀（渐新世）的脚很长，因此跑步速度应该很快。它的獠牙状牙齿很适合用来吃树叶，可是因为饭量需求太大，只要环境稍微变化而影响食物来源的话，就很容易饿死。（左：复原图；右：牙齿化石）

巨犀是一种已经灭绝且没有角的犀牛，也是史上最大的陆地哺乳动物。据估计，成年巨犀平均身高 5 米，身长达 8 米，体重是现代非洲象的两倍。巨犀的牙齿适合用来咀嚼较粗糙的叶子和树枝，一餐要吃的树叶量是一头大象的 10 倍！马的演化则进展到了渐新马，体形比上一个时代的山马还大，且前、后脚都长了三根脚趾，属于三趾马。渐新马的四肢修长，体形更接近现代马，然而高度仍只有 50 厘米。由于牙齿

渐新马

渐新马（渐新世）的奔跑速度已经快到可以逃脱敌人的追捕。这种三趾马的脚比现代马的单趾脚要重，但稳定性更好。

图 1
完齿兽复原图

还不够大，因此依然生活在森林中，以树叶为食。森林里面还可找到一种头部长得像猪的动物，但体形巨大，四肢较长，这种动物被称为完齿兽。从完齿兽的牙齿看起来，它应该是食肉动物，但实际上却是吃动物尸体和骨头的腐食动物。

渐新世早期的掠食者是肉齿类动物，例如豺齿兽。它和前面提到的古鬣齿兽，以及短鬣齿兽是亲戚。不过这一群动物稍后因气候变化而灭绝，其地位被狗和猫的同类给取代了。黄昏犬是最早的狗，但体形却只有一只狐狸那么大。它们可能就像现代的狗一样喜欢群居生活，并以群体突袭的方式猎取小动物。伪剑齿虎的体形约等于美洲豹，四肢短且粗壮。它的牙齿和爪子都很像猫，但却有着巨大的上犬齿。伪剑齿虎喜欢猎取早期的马、骆驼和偶蹄目动物作为食物。现代猫的祖先是原小熊猫，体形上只

完齿兽

完齿兽（渐新世）的体形壮硕如牛，但口鼻延长部位却又像猪，下巴颏长了像疣的瘤状物。它的整体构造适合用来奔跑，但可能速度不快。

黄昏犬

黄昏犬（始新世—渐新世）的身体、脖子和尾巴都比较修长，使它看起来反而比较像麝香猫而不是狗。（图 2：复原图；图 3：化石）

图 2

图 3

伪剑齿虎

伪剑齿虎（渐新世）的外观像猫，猎食技巧和生活习性也像猫，但却不是猫科动物，之后被真正的猫科动物给取代。（图 4：复原图；图 5：化石）

图 4

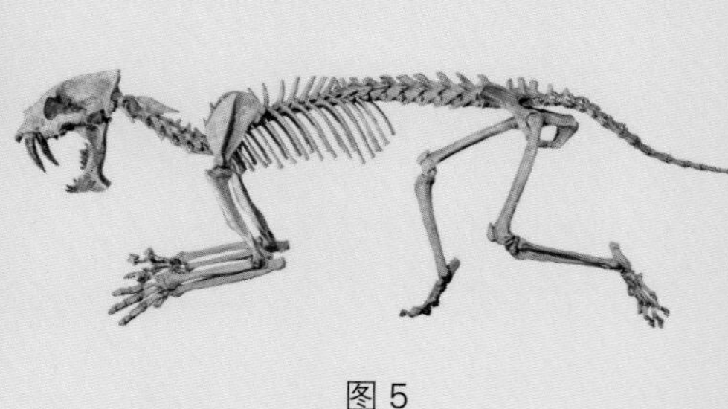
图 5

草原古马

草原古马（中新世）具有三只脚趾，外形相当接近现代的矮种马。

比家猫略大，可能栖息在树上。

中新世（2300万年前—530万年前）

这个时期的环境变得较干燥，许多原本是森林的地方开始变成了草原。由于禾草植物的硬度较高，对原始的草食性哺乳动物来说，它们的牙齿容易被磨损掉，最后导致无法进食而死亡。于是，新的草食性哺乳动物出现了，它们演化出了坚固的牙齿来啃食坚硬的草。

草原古马是由渐新马演化出来的旁支，也是现代马的祖先。它的臼齿又长又坚固，因此很适合用来吃坚硬的禾草植物。马的近亲石爪兽拥有和马一样的头骨和牙齿构造，除此之外一点都不像马。虽然属于有蹄类动物，但石爪兽的前肢没有蹄，反而长出了爪子。科学家推测它们可能是用爪子将树叶连同树枝勾过来，或者挖掘树根来食用。石爪兽的前肢比后肢长、背部下斜、骨盆坚固，说明它们可能会坐在地上。

大象和骆驼的祖先也现身了。现代的长鼻目哺乳动物只有大象，但过去却有很多种类，包括了这个时代的恐象，以及之后的乳齿象和长毛象，所有这些动物都有长长的象牙和鼻子。恐象的体形和结

石爪兽

石爪兽（中新世）和马同属于奇蹄目，但前肢却长出了爪子。这些爪子可能是用来进食或驱退敌人。

恐象

恐象（中新世—更新世）的下颌长出了一对向下弯的长牙。它居住在森林沼泽中，以草叶为食。

图 1

构很类似现代大象，但脖子较长，鼻子却较短。此外，它的象牙长在下巴，而且明显地向下弯曲。靠着这对象牙，它可以轻易地挖掘出地上的植物。嵌齿象的体形和现代亚洲象差不多，但四肢较短，且具有四只象牙。它们可能用形状像铲子的下部象牙挖掘地上或水中的植物，或用象鼻勾取高处的叶子。象驼是已灭绝的骆驼，栖息于有树的草原上。它拥有长长的四肢和脖子，外形又像骆驼又像长颈鹿。靠着长长的脖子，它可以吃到高处的树叶。

图 2

嵌齿象

嵌齿象（中新世）的许多特征更接近现代大象，例如头骨变短、下部象牙退化变短、上部象牙变长变直、象鼻也变长了。（图 1：复原图；图 2：头部化石）

食肉目动物从渐新世开始取代了较早期的肉齿类动物，其中的代表就是熊犬。熊犬长得既像一只体形较小的熊，又像一只体形较大的狗，因此被称为熊犬。有些熊犬跑步速度很快，专门吃肉；有些熊犬则可能以腐肉为食。恐猫于中新世晚期登场。它的身体强壮，善于短途追击猎物。名为袋剑虎的有袋猫科也出现于中新世晚期。它和剑齿虎的差

象驼

象驼（中新世）的走路方式跟现代骆驼一样，也就是身体某一边的前肢和后肢同时向前移动。

熊犬

熊犬（中新世）具有长长的尾巴、宽大的爪子和锐利的牙齿。它们可能是以伏击的方式来猎捕其他动物的。

异在于两个上犬齿合并在一起，下颌还有一对可以保护犬齿的边。这样的结构或许可以保护它的剑齿不受到损伤。

此时的海洋中拥有超大型的鲨鱼——巨齿鲨。它们可能是有史以来最大的鱼，身长接近20米。巨齿鲨几乎可以猎杀并吃掉所有在海洋中的动物，包括体形巨大的鲸鱼。人们也的确发现在某些中新世的鲸鱼化石上留下了被巨齿鲨攻击过的痕迹，或者鲨鱼牙齿镶嵌在鲸鱼骨头上。可惜的是，鲨鱼是软骨鱼类，所留下的化石大部分都只有牙齿，因此我们对于巨齿鲨的了解并不多。

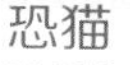

恐猫

恐猫的上犬齿不像其他剑齿类动物那样突出，反而较扁平。

上新世（530万年前—260万年前）

巨剑齿虎出现于上新世早期，它的后代就是著名的美洲剑齿虎。巨剑齿虎跟其他的剑齿类动物一样都具有发达的上犬齿——剑齿。剑齿类动物的猎捕方式和现代猫科相当不同。现代猫科通常会将猎物扑倒后，立刻咬住对方的脖子。但对于剑齿类动物来说，这样的做法可能会伤害到它们重要的剑齿。因此，剑齿类

袋剑齿虎

袋剑齿虎（中新世—上新世）虽然体形健壮，但行动速度不快。

图2

图1

巨齿鲨

巨齿鲨（中新世—上新世）的牙齿呈三角形，其巨大的牙齿几乎是一个人的手掌大小。（图1：复原图；图2：牙齿化石）

动物喜欢潜伏在猎物后方，用自身的重量将猎物扑倒。等对方失去抵抗能力之后，才用犬齿准确攻击猎物脖子，切断对方颈部的血管和气管。

这个时代中陆地上最大的动物是地懒。地懒身长6米，行动缓慢，宽大的骨盆说明它可以只靠后腿支撑体重。它喜欢在草木茂盛的平原上漫步，当它肚子饿了，就会站起来，用手把高处的食物拉过来享用。从它所遗留的粪便化石可以知道它的食物包括了干燥地区的植物，以及温带地区的树木。

雕齿兽的外形相当奇特，看起来像一只乌龟，实际上是哺乳动物，且和犰狳（qiú yú）是亲戚。不过，犰狳的壳是一大片，由无数个贝壳状小鳞片所构成，而雕齿兽

星尾兽

星尾兽（更新世—全新世）是一种尾部具有尖刺的雕齿兽。

图1 星尾兽复原图

雕齿兽

雕齿兽（上新世—更新世）有两片盔甲，大的覆盖在背部，小的覆盖在头部。它的四肢粗短，脚掌却很大。由于牙齿不多，因此它喜欢吃较柔软的食物。（图2：复原图；图3：化石）

图2

图3

地懒

地懒（上新世—更新世）是速度缓慢的巨兽。由于它体形巨大，因此不太担心会被其他动物给吃掉。（图4：复原图；图5：化石）

图4

图5

的壳只有两块，由六边形鳞片连结而成。体形最大的雕齿兽跟一辆坦克一样大，其中一种被称为“星尾兽”的雕齿兽甚至拥有带刺的粗壮尾巴，看起来就像自备了一根狼牙棒。拥有这么多的防御系统，雕齿兽应该不用担心掠食者。不过却有人在一具雕齿兽的头骨上发现了剑齿虎的咬痕，说明雕齿兽还是有可能成为大型猫科动物的食物。

欧洲乳齿象

乳齿象（上新世）的脸部较短，且具有一对獠牙。这对獠牙有时会高过肩膀，因此它们的头部必须时时保持水平。

和上个时代的恐象以及嵌齿象不同，欧洲乳齿象的下部象牙已经完全退化消失，而上部象牙和象鼻都变得更长。这些特征使它们更类似现代的大象。此外，从牙齿的形状可以看出它们已经可以进行咀嚼，食物则以草、叶类为主。

贫齿目

雕齿兽、食蚁兽、大地懒和犰狳都属于“贫齿目”这个家族。这个家族的成员有的没牙齿，有的只有少数几颗牙齿，而且牙齿上都没有牙釉质保护。这些贫齿目动物都分布在美洲。食蚁兽的嘴巴前面只有一个小洞，舌头就从这里伸出去舔食蚂蚁或白蚁，把它们整个吞下肚去。由于吃东西时不需要咀嚼，久而久之它们的牙齿就退化了。雕齿兽的牙齿长在嘴巴深处。靠着这仅有的几颗牙，雕齿兽可以嚼碎树叶和其他植物。

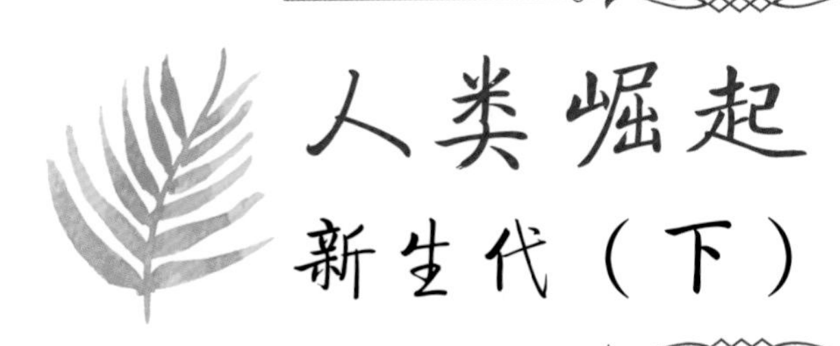

人类崛起
新生代（下）

人类的时代：第四纪

第四纪的大部分时候，气候都相当寒冷。在欧洲就发生了 7 次冰河事件，也就是原本在北边的冰河往南移动，覆盖了欧亚大陆和北美大陆的许多地区。不过，各种哺乳动物依然不畏严寒，长出了厚厚的毛发，继续称霸这个世界。许多现代可见到的动植物种类几乎都是在这个时候登场的。

另外有一群不怎么起眼的哺乳动物也在温暖的非洲悄悄现身了。它们尝试离开森林，用脚站起来走路。它们用小小的脑袋思考着石头可以拿来做什么。它们不断进化，努力

长颈驼

长颈驼（更新世）身长 3 米，脚上有三根脚趾，可能生活在有树的草原上。它看起来像骆驼，却和骆驼没有亲缘关系。

图 1
长颈驼复原图

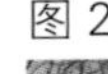

披毛犀

披毛犀（更新世）的头上有两只角可用来扫除积雪，寻找埋藏在积雪底下的食物。它们最后因人类猎杀而灭绝。（图 2：复原图；图 3：化石）

图 2

图 3
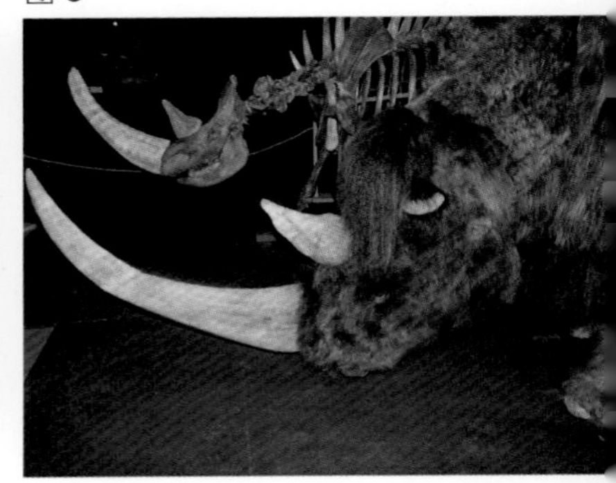

图 1

大角鹿

大鹿角（更新世）的鹿角最宽可以达 3 米，重 30 千克。它们的角每年都会脱落然后重新再生。（图 1：化石；图 2：复原图）

图 2

克服严苛的生存环境和体形巨大的竞争者。而它们的后代——人类，最终成为地球的主宰，也将许多生物从此带进了灭绝一途。

更新世（260 万年前—12000 年前）

形形色色的哺乳动物是这个时代的特色之一。长颈驼有长长的脖子，看起来就像一只缺了驼峰的骆驼。它又同时拥有一个突出的短鼻子，让它可以采食高处的叶子。披毛犀是犀牛的亲戚，但耳朵却很小，还长了厚厚的毛发和脂肪，这些特征是因应严寒天气而演化出来的。它会用头上的两只角来扫除积雪，寻找埋

图 3　草原野牛化石

草原野牛

草原野牛（更新世）顶着硕大的牛角，成群结队地在草原上奔跑。落单的野牛很可能会成为剑齿虎等掠食者的猎杀目标。

图 5

图 4

巨河狸

巨河狸（更新世）的尾巴像老鼠一样又圆又长，巨大的门齿可以不断再生，非常适合用来啃咬坚硬的树皮和树枝。（图 4：化石铸模；图 5：门齿）

藏在雪底下的植物。

野牛和野鹿也出现了。草原野牛的体形高壮，头上两只角特别突出，经常在草原上成群结队地奔跑。大角鹿是迄今为止体形最大的鹿，夸张的巨型鹿角一定让当时的人类感到很惊讶，因此在岩壁上画下了它们的样子。巨河狸身长达两米半，巨大的门牙可用来啃咬树皮，它们除了将树皮当作食物之外，可能也会用来建造水边小屋。

图 1

图 2

猛犸象

为了适应西伯利亚的寒冷气候，猛犸象（更新世）的身体紧实，体外长了 90 厘米的长毛，皮肤下还有厚厚的脂肪。它的小耳朵也有助于减少热量流失。（图 1：复原图；图 2：化石）

继欧洲乳齿象于上新世灭绝之后，美洲乳齿象代之而起。它们的体形较欧洲乳齿象小，象牙也不大。相比之下，让人类更感兴趣可能是巨大的猛犸象。猛犸象又称长毛象，因为它们的身体上覆满了棕色的长毛，这是为了适应寒冷天气而演化出来的特征之一。猛犸象的牙齿很坚固，因此可以咬碎最坚硬的植物。它们在夏天吃草类和豆类，冬天则吃灌木和树皮。它们的长象牙还可用来清除积雪，或挖取植物的根。乳齿象和猛犸象曾和早期人类生活在一起，但最后都因遭到人类的捕杀而灭绝。

美洲剑齿虎和似剑齿虎位居食物链的顶端。它们身材强壮且拥有 17 厘米长的剑齿，经常成群在草原上猎食马、骆驼、幼年野牛，以及较大型的动物如年幼的猛

美洲剑齿虎

美洲剑齿虎（更新世）的身材强壮，尾巴短，是相当凶悍的掠食动物。（图 3：复原图；图 4：化石）

图 3

图 4

犸象。剑齿虎族群内生病或受伤的成员会受到群体照顾而渡过难关，但它们最终在 1 万年前灭绝了。

除了剑齿虎外，其他的肉食动物还包括了短吻鬣狗和巨型短面熊。短吻鬣狗住在洞穴里，需要食物时就成群结队地外出并捕捉小型的猎物。有时候它们也会直接抢夺其他猎食者的食物。巨型短面熊体形庞大，脸比现代的熊短，但四肢却较长。因此比现代的熊跑得快，且更具攻击性。它们可能是完全肉食的动物，而不像现代的熊是杂食性的。

巨型短面熊

巨型短面熊（更新世）是完全的肉食动物，不像现代的熊是杂食性的。

澳大利亚的有袋类哺乳动物也在这个时候纷纷现身。袋熊的体形大小差不多等于一辆轿车，因此行动虽然迟缓，但不太担心受到一般掠食动物的威胁。袋狮的体形比狮子小，但前肢强健有力，可能是用前爪捕食猎物。最可怕的掠食者可能是古巨蜥。它们在澳大利亚根本没有天敌，可以自由选择想要捕捉的猎物。就连体形巨大的袋熊看见它们，恐怕也要溜之大吉。

古巨蜥

古巨蜥（更新世）是目前已知最巨型的陆上蜥蜴。它们的四肢和身体都很强壮，头颅很大，嘴里长满锯齿状的牙齿。从体形来推断，它们的主要猎物应该是中型至大型的动物。

袋狮攻击袋熊想象图

袋狮（更新世）跟猫一样，爪子可以收缩起来。它们也是爬树好手。袋熊（更新世）拥有粗壮的四肢和大脚掌。嘴巴里往前突的门齿可用来从地里拔起食物，臼齿则有利于咀嚼。虽然袋熊比袋狮巨大，但若是找不到食物充饥，袋狮也会攻击袋熊。

南方古猿头骨（更新世）：塔昂幼儿

撒海尔人乍得种（中新世）

南方古猿阿法种（上新世—更新世）：露西

人类的祖先和亲戚

700万年前，人类和黑猩猩在演化道路上分开了。在这个过程中，人类也像其他动物一样，发展出许多分支。我们很难弄清楚这些分支之间的确切关系，但可以肯定的是这些“人”都以双脚直立行走。由化石证据来看，人类用双脚走路的历史可追溯至600万年前。

600万年前，生活在森林里面的图根猿人已经可以用双脚在树上行走，并用双手保持平衡。到了440万年前，埃塞俄比亚出现了一种名为祖地猿的猿人。祖地猿也用双脚行走，他们脚上的大拇指还可以用来夹住树枝，也就是说他们还拥有适合爬树的脚部构造，腰骨也留有原始特征。

到了上新世晚期，也就是320万年前，南方古猿阿法种出现在埃塞俄比亚，科学家发现了一个女性的化石，并取名为“露西”。露西娇小的头盖骨虽然相当原始，但犬齿的大小却很接近人类，腰骨也和现代的人一样又宽又圆，说明她已经能使用双脚在地上步

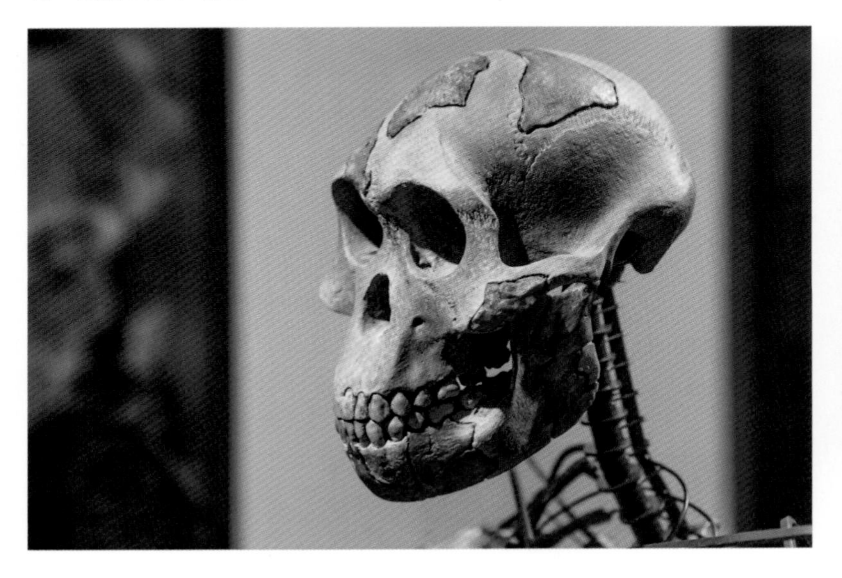

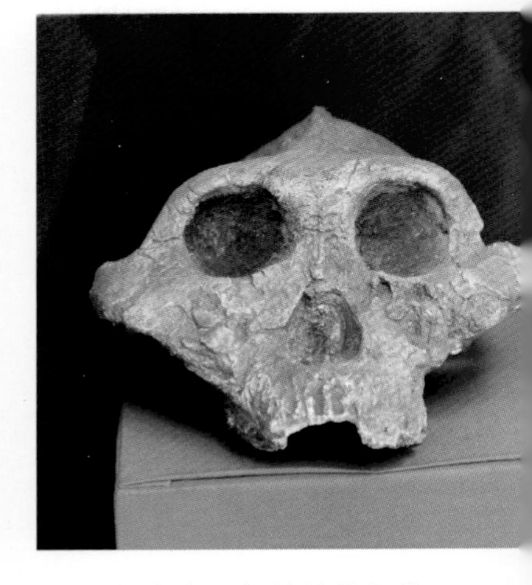

1938年在克罗姆德莱拉伊发现的粗壮傍人（更新世）

行。稍后，在 250 万年前，南非也有了非洲南方古猿。由于他和露西有许多不同的特征，因此两种猿人被划分成不同的种类。非洲南方古猿的体形比阿法种略小一些，但犬齿已经不像黑猩猩那么大。除了能够直立行走外，非洲南方古猿的手还能做出提和拿的动作。这些南猿可能已经离开了森林，生活在大草原上。那里栖息的大型四足动物和种类繁多的动植物，能提供给他们足够且多样化的食物。

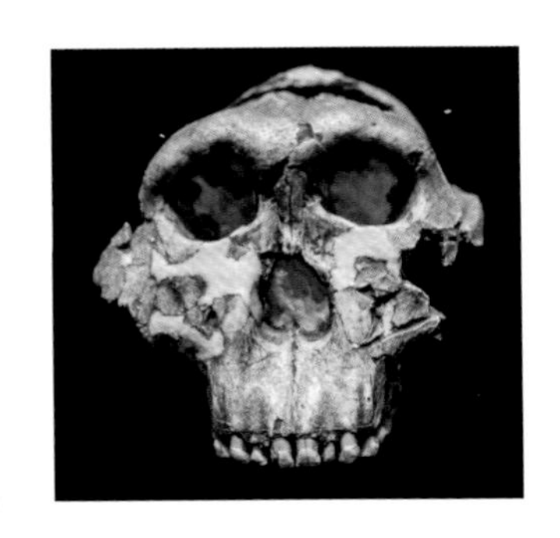

1959 年在坦桑尼亚发现的鲍氏傍人（更新世）

差不多就在这个时候，南非和东非还分别出现了粗壮傍人和鲍氏傍人。他们同样具备了一些南方古猿的典型特征，脑容量也和南方古猿差不多。可是傍人的牙齿巨大，颌部肌肉也较发达，推测还能用手精确地控制较小的物体，因此跟南方古猿分属不同的种类。不过，傍人并不是智人的直系祖先，只能算是人类演化中的一个旁枝。

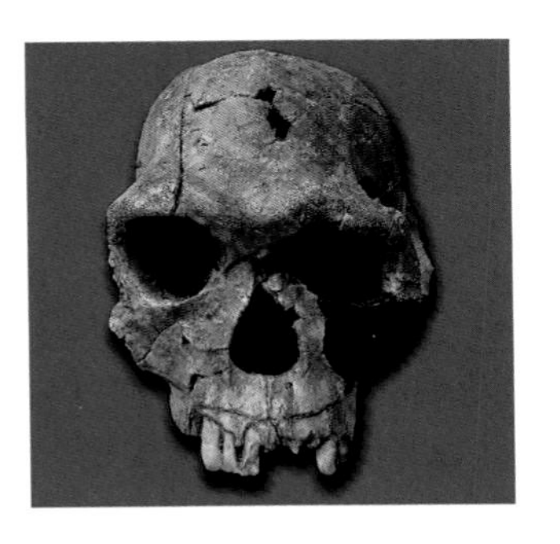

1973 年在肯尼亚发现的能人（更新世）

200 多万年前，南方古猿演化成能人。能人的身高不高，脑容量也不大，却已经有了非常简单的石头工具——石片。有些石片是在动物骨头旁边发现的，可能是被巧人用来剔肉或敲开骨头食取骨髓的。从这些考古证据，我们知道能人是猎人，而且是肉食者。

爪哇人（更新世）

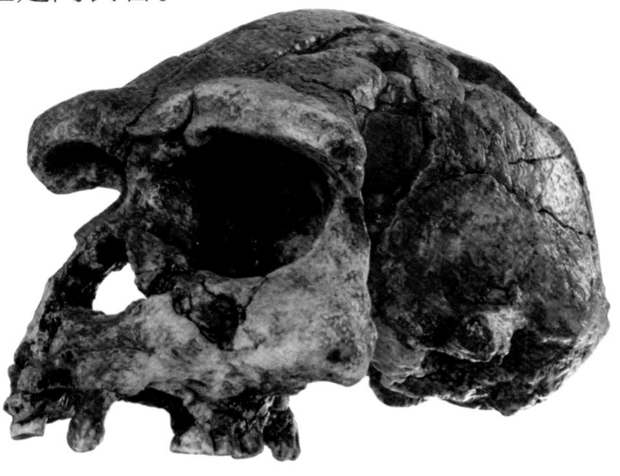

200 万年前至 30 万年前，非洲出现了直立人，可能是巧人的后代。他们的长相跟智人已经差别不大，只是头盖骨较低平、眉骨突出、额头狭窄。因此，也有人认为直立人就是智人的直系祖先。直立人已经学会如何制作和使用石斧。他们经常使用石斧来分解和处理动物的尸

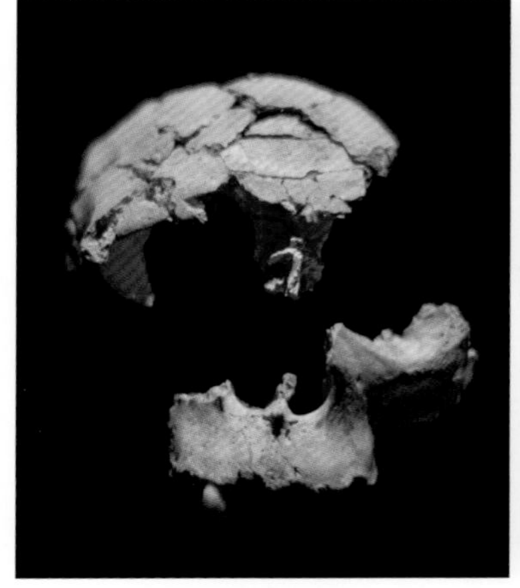
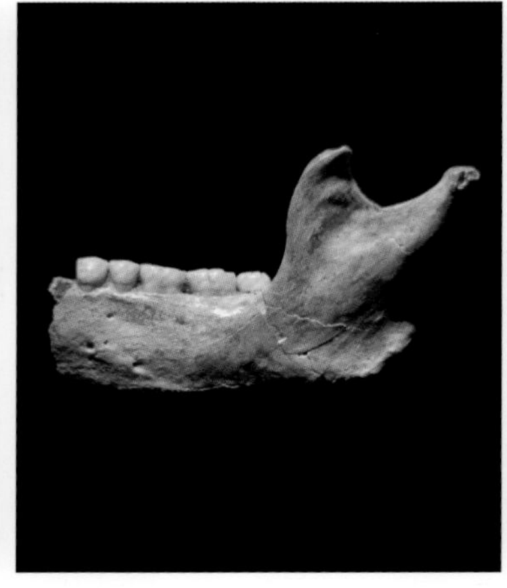
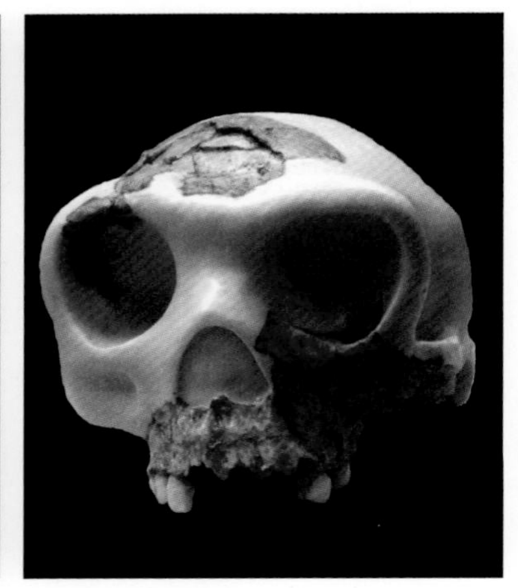

先驱人（更新世）

体。不过，我们还不确定直立人会不会狩猎，他们很可能捡拾死去的动物来食用。稍后，直立人走出了非洲，穿越欧洲和亚洲。100 万年前，在北京周口店和印度尼西亚爪哇岛都可见到直立人的踪影。由北京周口店遗址的发现更指出直立人已经会使用火。目前出土直立人的地点包括了南非、东非、格鲁吉亚、中国和印度尼西亚。直立人可以这样扩张，是因为他们的工具更先进，而且智力更发达。也许，他们也带着火开始了远征，不过这个想法目前只是个假设而已。

1909 年在法国发现的尼安德特人（更新世）。这是目前保存最完整的尼安德特人头骨。

120 万年前到 80 万年前，先驱人出现在欧洲，他们可能就是直立人和尼安德特人之间的失落环节。成年先驱人的脑容量已经很接近智人，他们的面貌也和智人极为相似，只有额头部位稍微比较原始。先驱人大概具有一些语言能力，并能够进行推理。

43 万年前到 2 万年前，欧洲和亚洲的乌兹别克以东地区陆续出现了尼安德特人。他的外表接近智人，只是头盖骨的前后较长，而眉毛部分的骨头较突出。另外一个差别是下巴，若是你摸摸看自己的下巴，会发现下巴尖尖的，但尼安德特人却没有这种往前突出的下巴。尼安德特人的体格强壮，主要吃果实、种子和动物。他们所制作的石器都是用来处理猎物的，例如切割肌肉或制作兽皮。尼安德特人还具有仪式，会将去世的亲人埋葬起来。他们也是有组织的群体，因此可能具有某种语言能力。尼安德特人和智人曾经生活在一起，彼此之间或许也有基因交换。不过，他们并未延续下来，而是在 2 万年前灭绝了。

早期人种的时空分布图

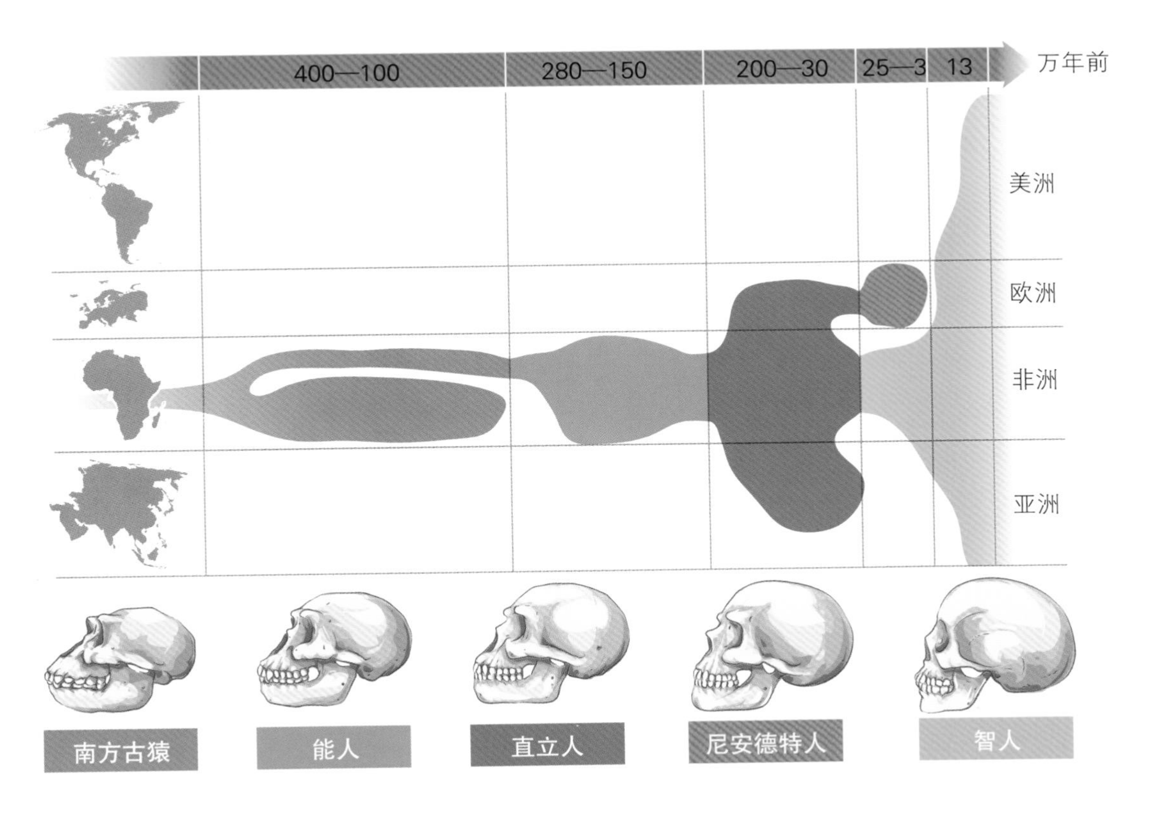

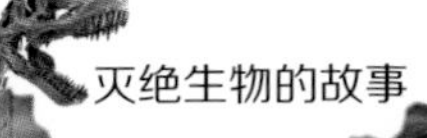

早期人类化石发现位置

撒海尔人乍得种

地点：乍得　得乍腊沙漠

发现者：米薛·布鲁

意义：其头骨大小接近黑猩猩的头骨，但也具有人类的特征，例如扁平的脸部和小犬齿。撒海尔人乍得种生活在600万至700万年前，因此他或许就是最早的人类群动物。若是如此，则南方古猿可能只是人类族群的旁枝，而非人类的直系祖先。

先驱人／前人

地点：西班牙

发现者：尤达德·卡伯内尔

意义：先驱人的发现让部分科学家认为这才是尼安德特人和智人的共同祖先，而不是直立人。不过，也有不少人认为智人是在非洲单独演化出来的。

直立人男孩

地点：肯尼亚　图尔卡纳湖

发现者：卡摩亚·奇姆

意义：这是目前发现保存最完整的直立人，生活在距今160万年前。

图根猿人

地点：肯尼亚　图根山

发现者：马丁·皮克福

意义：经过两次发掘，科考队总共发现20件标本。由大腿髋部可证实图根猿人是两脚行走的动物，且生活于600万年前。

鲍氏傍人 OH5

地点：坦桑尼亚　奥杜威峡谷

发现者：利基夫妇：玛莉和刘易斯

意义：鲍氏傍人和粗壮傍人的发现让我们知道人类的演化并不是单一直线，而是包含了复杂的分支。

南方古猿

地点：南非　汤村

发现者：雷蒙德·达特

意义：达特最初找到一个类似幼猿的头骨，稍后又发现更多新化石。从这些化石可以知道，人类是从下颌和牙齿的构造开始进化，例如会先失去黑猩猩的大型犬齿，以及犬齿和门齿之间的距离会缩小。

粗壮傍人

地点：南非　克罗姆德莱拉伊

发现者：罗伯特·布鲁姆

意义：布鲁姆初步判断这是南猿属的一种，可是牙齿和头骨却比较粗壮，因此取名为粗壮南猿。后来又改称为粗壮傍人。

祖地猿

地点：埃塞俄比亚　阿法三角洲

发现者：蒂姆·D. 怀特

意义：自1994年发现祖地猿后，科考队于2009年又找到部分头骨和更多化石。这些发现可能改变露西身为人类共同母亲的地位。

尼安德特人一号

地点：德国　尼安德河谷

发现者：挖掘石灰岩的矿工

意义：这个地点出土了可供辨识的完整头盖骨。经过科学界一番讨论后，将之定名为尼安德特人。

北京猿人

地点：中国　北京　周口店

发现者：裴文中

意义：经过数年的工作，科考队共发现北京猿人的 6 个头骨、一些牙齿和其他骨头，其中包含直立人的第一个完整头盖骨。可惜这些样本都在二战期间弄丢了。

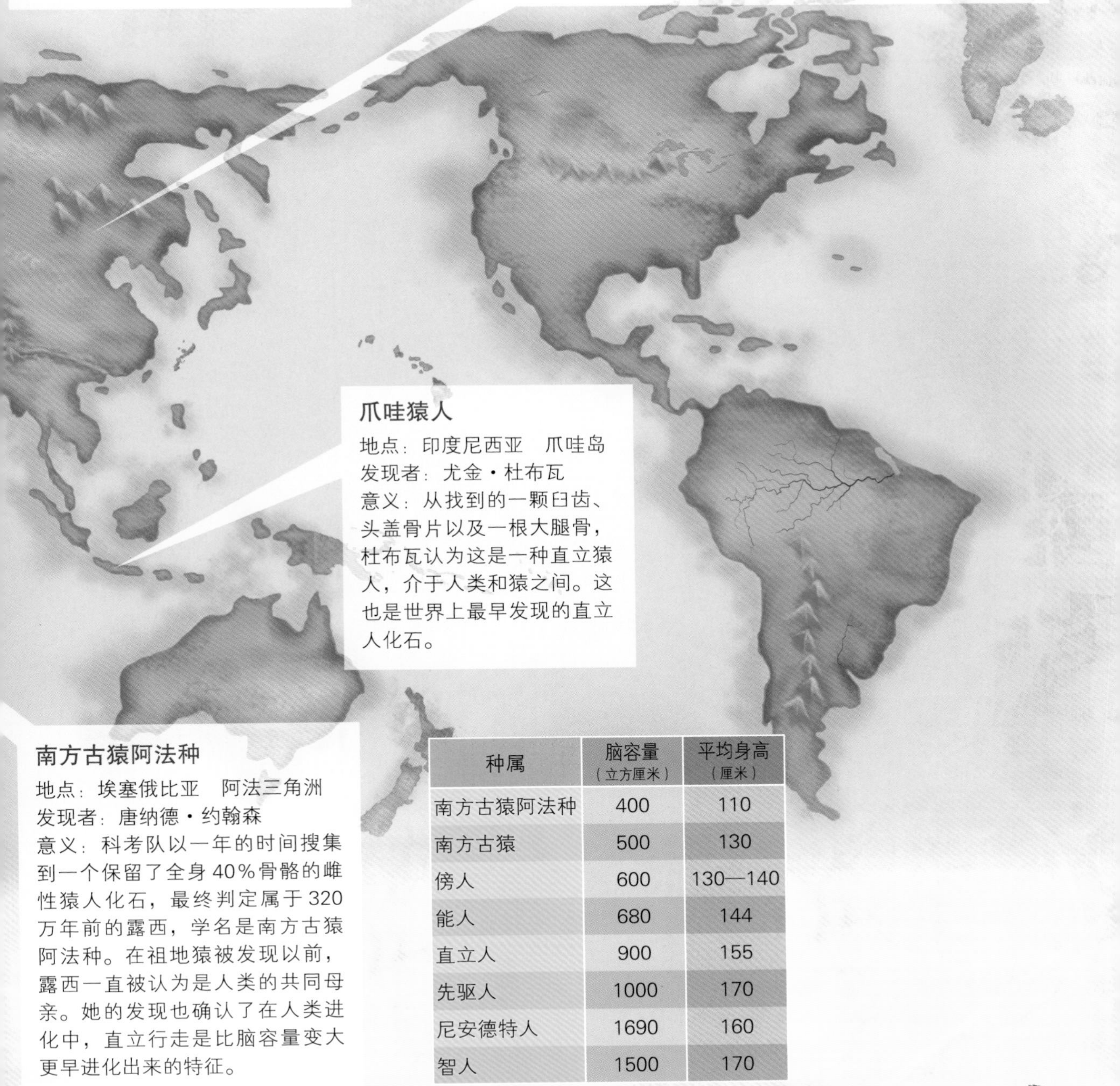

爪哇猿人

地点：印度尼西亚　爪哇岛

发现者：尤金・杜布瓦

意义：从找到的一颗臼齿、头盖骨片以及一根大腿骨，杜布瓦认为这是一种直立猿人，介于人类和猿之间。这也是世界上最早发现的直立人化石。

南方古猿阿法种

地点：埃塞俄比亚　阿法三角洲

发现者：唐纳德・约翰森

意义：科考队以一年的时间搜集到一个保留了全身 40% 骨骼的雌性猿人化石，最终判定属于 320 万年前的露西，学名是南方古猿阿法种。在祖地猿被发现以前，露西一直被认为是人类的共同母亲。她的发现也确认了在人类进化中，直立行走是比脑容量变大更早进化出来的特征。

种属	脑容量（立方厘米）	平均身高（厘米）
南方古猿阿法种	400	110
南方古猿	500	130
傍人	600	130—140
能人	680	144
直立人	900	155
先驱人	1000	170
尼安德特人	1690	160
智人	1500	170

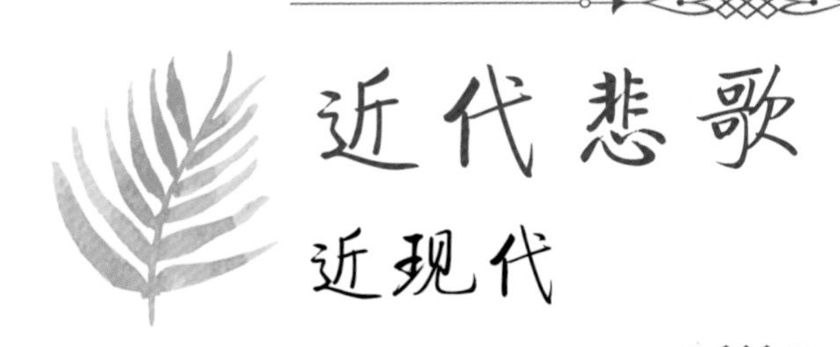

近代悲歌

近现代

第六次大灭绝

150 万年前，当人类的祖先首度离开非洲并往其他地区迁移时，就开始给周边环境和生活其间的动植物带来不小的压力。很多古代的大型巨兽，例如猛犸象、大角鹿、披毛犀等，虽然因为更新世末期的气候变化而逐渐退出地球舞台，但人类的猎捕确实也加速了它

渡渡鸟

灭绝时间：1681 年

渡渡鸟是一种鸽子，住在毛里求斯岛上。它们的身体笨重，有翅膀却不会飞，因此只能在陆地上蹦跳前进。幸好，渡渡鸟是这个岛上体形最大的生物，没有天敌会对它们造成威胁。

1505 年，葡萄牙人登岛后，就随意捕杀渡渡鸟。后来荷兰人取代葡萄牙人定居在此，又为了吃渡渡鸟的肉而大肆捕杀它们。而人类带到岛上的外来动物如猫、狗、山羊、猪和老鼠也占据了渡渡鸟的地盘。其中，猫和狗还会猎食渡渡鸟，老鼠和猪则会吃渡渡鸟的蛋。就这样，渡渡鸟于 1681 年终于走向灭绝，但却未引起太多人的关心。

直到 1865 年，刘易斯·卡洛尔在他的著名童话《爱丽斯梦游仙境》中提及了渡渡鸟，这种长相可爱却又命运悲惨的动物才被越来越多的人知晓。

们的消失。而当一个地区的资源逐渐耗尽后，人类就势必往新的地区扩散，于是又对新环境产生破坏。最显著的例子就是人类于 12000 年前跨越过白令海峡进入美洲大陆，就使得当地的大地懒、乳齿象、美洲剑齿虎、雕齿兽、巨河狸等动物快速灭绝。

时至近现代，人类对于自然生态的破坏仍在持续进行。因此有科学家提出了“第六次大灭绝”的说法。第六次大灭绝又被称作全新世灭绝，是目前正在发生的持续灭绝事件。涉及的灭绝物种包括了各种动物及植物。现代的灭绝事件基本上是人类直接造成的结果。对动物来说，人类使其灭绝的原因包括了滥捕、外来种引进、栖地破坏、环境污染等。

世界自然保护联盟指出，从 1500 年至 2006 年间共有 700 多个物种已灭绝。不过，有很多已灭绝的物种并没有被记录。一些科学家估计，单在 20 世纪就已经有 200 万个物种灭绝。换句话说，每年有高达 2 万个物种从地球上消失。这个速度是地球历史上平均灭绝速度的好几十倍。若是再不好好进行保护工作，到了 2300 年，我们将会彻底失去世界上三分之二的物种。而物种多样性的减少，意味着生态失衡和食物链崩溃。最终，可能就是人类的灭绝。

象鸟

灭绝时间：17 世纪

象鸟又被称为“隆鸟”，它们的体形巨大，身高达 3 米。象鸟的脚强而有力，十分适合奔跑，但是它的翅膀又小又短，是一种无法飞行的巨型鸵鸟。象鸟的蛋很巨大，长 30 厘米，体积相当于 100 颗鸡蛋加在一起！

科学家认为象鸟的灭绝跟人类有绝对的关系，但可能不是因为猎杀，而是栖地被破坏。17 世纪时，前往马达加斯加的早期移民还过着刀耕火种的生活，他们不断放火烧森林来开拓农地。这样的行为让象鸟可栖息的空间越来越少，最终导致象鸟灭亡。

斯特拉大海牛

灭绝时间：1768 年

斯特拉大海牛的皮很厚，且布满皱褶。它们没有牙齿，只能靠着口中的两块大骨片来磨碎海藻等食物。1 万多年前，斯特拉大海牛这种 9 米长的巨型海洋哺乳动物仍生活在许多地方，包括北太平洋、日本、阿拉斯加等地。但在 1741 年，当德国人乔治·斯特拉发现它们时，大海牛的生活空间就只剩下白令海峡附近的一个小区域，数量也仅有两千多只。当斯特拉公开了他的新发现后，这群大海牛就受到众人的觊觎。

大海牛的奶水是大家公认的美味；大海牛的脂肪可以用来当作油灯燃料；而它们的油脂、毛皮和肉的质量也都很好。因此，猎人和船员纷纷开始猎杀这种动物。偏偏大海牛的群体观念非常强，只要一只同伴遇难，其他大海牛就会赶过来救援。于是，大海牛就这样成批地死去。在短短的 27 年内，这群大海牛就因为人类的滥捕滥杀而消失。这样的灭绝速度实在令人咋舌。

这样看起来，要是大海牛没有被人类发现就好了。

大溪地矶鹬（jī yù）

灭绝时间：1777 年

大溪地矶鹬身长 15 厘米，腹部呈现黄褐色，头颈和双翼为黑色，翼上和眼睛上都有白斑。这种优雅美丽的小鸟可能生活在小河流附近，但没有人知道它们喜欢吃什么。这是因为在还未获得观察和研究之前，它们就已经灭绝了。

大溪地矶鹬的灭绝完全是无妄之灾，而起因是库克船长。虽然库克船长的远航替欧洲人开启了新的世界，却也对所造访的岛屿带来了许多灾难。他的船队曾 3 次到达大溪地岛，当时大溪地矶鹬的数量可能还不少，因此他的船员前后共采集了 3 个标本。可是，就在最后一次的造访，也就是 1777 年时，库克船长替大溪地岛带去了老鼠、蟑螂和其他害虫。从那之后，就没人再看过大溪地矶鹬这种鸟了。很可能，就是老鼠这类外来物种害惨了大溪地矶鹬。

巨恐鸟

灭绝时间：1779 年

在新西兰的南北岛上曾经有 13 种不同的恐鸟，其中体形最大的就是身高 3 米的巨恐鸟。它们喜欢吃树叶、果实和小种子。因为脖子很长，所以可以吃到其他小动物吃不到的植物。它们没有翅膀，却有发达的长腿和厉害的爪子。在人类到来之前，它们的唯一天敌就是哈斯特巨鹰。但即便是这样厉害的掠食者也没能让恐鸟灭绝。

1200 年，毛利人登上了新西兰岛。为了取得食物、骨头和羽毛，他们会放火将恐鸟居住的森林整个烧光，逼迫它们离开藏身处，然后大举猎杀。面对人类这种残酷的对手，恐鸟终于不敌。此后，历史学家把毛利人称为“恐鸟的杀手”。

蓝马羚

灭绝时间：1800 年

蓝马羚生活在南非的大草原上。1 万年前，蓝马羚的数量还很多，之后由于气候变化，它们的族群开始锐减。1719 年，当欧洲殖民者发现它们时，其分布地点已经相当局限。后来，欧洲人引进了绵羊等牲口，这些动物会和蓝马羚竞争食物。欧洲人又大肆将它们的栖地更改成农田，甚至为了毛皮和角猎杀它们。有人指出最后的蓝马羚是在 1799 年或 1800 年被射杀。

根据世界上现有的四具标本，蓝马羚并未如其名般呈现出蓝色的皮毛，因此这个名称可能来自于黑色和黄色皮毛混杂后所产生的淡蓝色错觉。

大海雀

灭绝时间：1844 年

大海雀的背部和脖子是黑色的，肚子则是白色的。它的眼睛和弯弯的嘴巴之间有一块独特的白斑。大海雀善于游泳，可以在海上一连待上 10 个月，主要的食物就是海里面的鱼。每年春天，大海雀必须到陆地上产卵。北大西洋两侧，以及北极海沿岸分布的岩石岛屿，曾是大海雀筑巢产卵的地方。它们每次只产 1 颗蛋，而且会亲自抚养幼鸟。

早期的人类虽然已经会猎杀大海雀以取得食物或羽毛，但对于整个族群的生存并不构成威胁。但自从 16 世纪中叶开始，住在这些地区的沿岸居民和渔民便大肆猎杀大海雀。除了想要获得它们的肉和蛋作为食物之外，还想拿羽毛当作装饰品，以及脂肪用来点燃油灯。由于大海雀的警觉性很低，在陆地上行走缓慢，又不会飞，没办法快速逃离危险，因此在那个时候有数百万只大海雀遭到杀害。

尽管有一些大海雀逃到了比较偏远的地方，但在 19 世纪时，欧洲博物馆开出天价要求取得标本，于是猎人更进一步追寻。据说最后一对大海雀是在孵蛋期间被猎人用棍棒打死的，而它们唯一的蛋也在混乱中被踩得稀烂，当时是 1844 年。此后，大海雀就绝迹了。

福克兰群岛狼

灭绝时间：1876 年

马尔维纳斯群岛上原本只有一种陆地哺乳动物，就是福克兰群岛狼。由于环境条件的限制，福克兰群岛狼可能只吃鸟类、昆虫等小动物。这种饮食习惯和一般的肉食性狐狸实在差很多。

福克兰群岛狼于 17 世纪末由航海家所发现。1833 年，达尔文登岛调查时，曾将它们命名为“南极狼”。达尔文认为，由于在岛上缺乏掠食者，因此南极狼的性格很温和。可是，在 19 世纪 60 年代，移居岛上的苏格兰人却认为南极狼对于他们所带来的绵羊是一种威胁，就编造谎言说这些南极狼凶暴且嗜血。于是，计划性的屠杀就这样开始了。由于缺乏可以躲藏的丛林，所以南极狼从被发现之后，在不到两百年的时间内就被消灭光了。虽然有一只南极狼在 1868 年被带往英国的伦敦动物园饲养，但也只活到了 1876 年。

这种动物有些特征像狐狸，有些特征又像狼，因此很难将它们分类。1880 年，托马斯·赫胥黎认为它们的祖先应该是郊狼。

斯蒂芬岛异鹩（liáo）

灭绝时间：1895 年

斯蒂芬岛异鹩是一种很奇特的鸟类，它们虽然是麻雀的近亲，却失去了飞行能力，只会在地上蹦蹦跳跳地跑来跑去。1000 年以前，这种异鹩还广泛分布于新西兰南、北岛。之后，太平洋鼠跟着人类到了新西兰。很快，新西兰本岛的异鹩就被老鼠给猎食殆尽。不过，仍然有一些异鹩还活在两大岛之间的斯蒂芬岛。

1894 年，新西兰政府在这个小岛上盖了一座灯塔，并派遣了一名灯塔看守员到岛上去。看守员觉得很孤单，就决定养一只猫来做伴。没想到，一年之内这只猫及它的后代把整个小岛仅存的异鹩给杀光了。猫将鸟的尸体一只一只放在管理员的门口。管理员发现这种小鸟长得有点奇怪，就把它们送到博物馆鉴定。可惜的是，就在科学家发现这是一种新的鸟种的时候，它们就已经灭绝了。后来，人们就根据这种鸟的最后发现地——斯蒂芬岛，将它们取名为斯蒂芬岛异鹩。

夏威夷吸蜜鸟

灭绝时间：1900 年

夏威夷吸蜜鸟特别钟爱半边莲的花蜜，它们会将又长又弯的鸟喙伸进花瓣闭合的花朵中取食。这种鸟的生活范围就只有夏威夷的一座岛屿，而岛上的原住民十分喜爱它们的羽毛。原住民会捕捉这种鸟，取下金黄色的羽毛，用来装饰服装。能穿上这种服装代表了地位高贵。夏威夷王国的开创者卡美哈梅哈一世有一件钟爱的黄色披风，据说就是用 8 万只夏威夷吸蜜鸟的羽毛制作而成。不过，原住民宣称他们将羽毛拔掉后，就把吸蜜鸟放走了。因此即便面临如此严重的猎捕压力，这种鸟依然活了下来。

卡美哈梅哈一世

不料，欧美殖民者到来后又展开另一波捕猎，将夏威夷吸蜜鸟卖给收藏家，于是它们的数量就越来越少。此外，许多夏威夷吸蜜鸟原本栖息的森林，也被人类开垦成农地，导致吸蜜鸟的食物日益稀少。终于，夏威夷吸蜜鸟在 20 世纪初走向灭绝一途。数年后，它们的近亲黑管舌鸟也惨遭同样的厄运。

安地列斯巨稻鼠

灭绝时间：1902 年

这种老鼠住在加勒比海的马提尼克岛。岛上的许多椰子园里到处都可以见到它们出没。由于它们有破坏农作物的倾向，因此岛民曾对它们进行全面扑杀。但到了 19 世纪末，它们的数量还是十分可观。它们最后的灭绝原因跟人类没有直接的关系，而是天灾所致。

1902 年，位于岛北端的培雷火山剧烈喷发，将整座岛屿化为灰烬。人口 3 万的圣皮埃尔城瞬间被高热的火山灰云给吞没，岛上所有的动植物也都未能幸免于难，包括了安地列斯巨稻鼠。全岛活下来的只有一个人。火山爆发时，他正被关在地牢里，因此躲过了一劫。

圣诞岛上估计有上亿只红蟹居住在那里，它们会成群地迁徙到海边产卵，非常壮观。

麦氏家鼠

灭绝时间：约 1902 年

印度洋上的圣诞岛是最后一座被人类殖民的热带岛屿。初代的居民发现岛上的麦氏家鼠数量庞大，不只经常骚扰人类，还到处破坏。人类为了抑制麦氏家鼠而养了几只狗，但狗却无法有效地扑灭这种老鼠。

到了 1902 年，黑家鼠被偶然引进了岛上。它们带来了传染病，使得麦氏家鼠大量死亡。有人在日记中写着：“到处都可以见到濒死或死亡的麦氏家鼠。”虽然可能有几只与黑家鼠杂交的后代逃过一劫，但 1908 年的一次生态调查却无法找到任何麦氏家鼠的踪迹。

麦氏家鼠的灭绝导致一个有趣的结果，就是岛上的红色陆蟹大为增加。它们的群体迁移行为吸引了很多观光客，替圣诞岛带来可观的收入。麦氏家鼠在灭绝以前，可能是这种红蟹的主要天敌。

毛利人头上戴的羽饰来自黄嘴垂耳鸦的尾部羽毛。

黄嘴垂耳鸦

灭绝时间：1907 年

黄嘴垂耳鸦居住在新西兰的森林里面，其特征是嘴巴旁边有一对橘黄色的肉垂。它们的鸟喙具有显著的性别差异，雄鸟的鸟喙短直而强壮，雌鸟的鸟喙则又弯又长。这些特点让19世纪的自然学家和收藏家感到很稀奇，因此在全世界的博物馆中保存了数百件黄嘴垂耳鸦的标本。

当欧洲人进入新西兰时，这种鸟的数量已经不多了。1902 年，英国的约克公爵造访了新西兰岛，收到了一根黄嘴垂耳鸦的尾部羽毛。他将这片羽毛戴在头上，引发了整个社会的疯狂。在新西兰，一根羽毛的价格居然涨到了 1 英镑。虽然在此之前当地政府已经立法保护这种鸟，但非法交易仍十分猖獗。

除了羽毛的需求之外，疾病可能也导致了黄嘴垂耳鸦的灭绝。最后一次关于这种鸟的可靠野外记录是在 1907 年。

旅鸽

灭绝时间：1914 年

旅鸽生活在中美洲和北美洲，身体呈流线型，因此能快速飞行。它们的方向感很强，就算长途旅行也不会迷路。旅鸽的迁移原因不是季节转变，而是当栖息地的食物资源耗尽后，它们就会迁移到新的地方。旅鸽是极端社会性的动物，有时候在一棵树上就会集结一百多个旅鸽的鸟巢。旅鸽迁移的时候也经常形成一大群。曾有记录指出旅鸽群形成了一个宽一千多米、长五百千米的巨大飞行团，其中包括了 10 亿只旅鸽。这个鸟群就像一片巨大的“鸟云”，让天空都变暗了。

旅鸽的数量曾经十分庞大，估计高达 50 亿只，却在短短 100 年内灭绝，是有史以来灭绝速度最快的一个物种。旅鸽灭绝的主要原因是猎杀。19 世纪初，由于人类开发森林，使旅鸽的食物来源变少，它们就开始破坏农作物，进而遭到人类的报复。甚至有人举办了旅鸽猎杀竞赛。在某一次比赛中，得奖人射杀了 3 万只旅鸽才得到冠军。有些旅鸽也被抓来当作食物或养猪的饲料。1900 年，最后一只野生旅鸽被一名 14 岁的男孩在俄亥俄州射杀。

之后，人们试图以人工饲养的方式恢复旅鸽的数量，但并不成功。原因是旅鸽一次只下一颗蛋，因此很难恢复到原有数量。1914 年，动物园里的最后一只旅鸽死去，世界上就再也见不到这个物种了。

卡罗莱纳长尾鹦鹉

灭绝时间：1918 年

卡罗莱纳长尾鹦鹉通常在清晨或傍晚活动，白天则在中空的树干里休息。它们喜欢群体生活，一个群体中的鹦鹉数量约为 100 到 1000 只。这种鹦鹉在飞行的时候非常依赖伙伴，因此无法单独生活。

随着人类开垦农地，卡罗莱纳长尾鹦鹉也开始习惯食用谷物、水果等农作物。这种行为让农民恨之入骨，将它们视为害鸟般赶尽杀绝。导致卡罗莱纳长尾鹦鹉绝种最致命的原因是其喜欢群居的习性。当一个地区内的同类数目减少，它们很快就会飞来补充，换言之，农民不断地射杀，它们却继续聚居。它们甚至会在受伤或死去的同伴身旁聚集，只因为它们不忍抛弃自己的同伴。因此往往只要有一只鹦鹉被抓，就会连带让许多鹦鹉被一网打尽。过度的猎杀导致它们的数量在短短一个世纪内从上百万只减少到只剩几只。

19 世纪 80 年代，辛辛那提动物园购入了 16 只卡罗莱纳长尾鹦鹉，企图进行人工繁殖，但最终没有成功。动物园里最后只剩下一对卡罗莱纳长尾鹦鹉。其中雌性的鹦鹉在 1917 年死去，雄性的鹦鹉亦于次年因悲伤而死。

硕绣眼鸟

灭绝时间：1923 年

澳大利亚豪勋爵岛上的居民相当具有环保意识，因此很久以前就订下规矩：造访船只不得靠岸，必须在海外下锚，免得将外来物种例如老鼠带到岛上，从而伤害岛上的其他动物。这样的规矩一直很顺利地被执行着，但在 1918 年却因为一场意外而破了例。那年，一艘船的船长忽然昏迷，使得船只撞到了岩礁而破裂。岛民为了拯救这艘船，只好答应让船停靠到岛上。没想到，就在一阵混乱当中，船上的黑家鼠偷偷地登岛了。

黑家鼠以惊人的繁殖力快速占领了整座岛，岛上的鸟类就这样被横扫一空。虽然岛民曾尝试引入猫头鹰来抑制老鼠，但这样的方法却适得其反，因为猫头鹰也会猎杀别的动物。就这样，老鼠加上猫头鹰在岛上造成了一拨大毁灭，各种原生的蜥蜴、昆虫、鸟类、蜗牛都因此灭绝了，包括硕绣眼鸟。

袋狼

灭绝时间：1936 年

袋狼的外表很奇特，看起来像狗，却又有袋鼠的尾巴和老虎的条纹。也因此，袋狼又被称为“塔斯马尼亚虎”。虽然如此，但袋狼不是猫科动物，也不属于犬科动物，而是有袋动物。它们和袋鼠一样，肚子上也有育儿袋，可以用来抚育宝宝。袋狼无法快速奔跑，可是却能像袋鼠一样跳跃前进。

很久以前，人类就在澳大利亚和塔斯马尼亚岛见到了袋狼。但在澳大利亚原住民出现以后，澳大利亚大陆上的袋狼就绝迹了，只剩下塔斯马尼亚岛的袋狼。19 世纪中期，英国人来到了塔斯马尼亚岛。他们无法忍受自己的羊群被袋狼猎杀，决定消灭袋狼。于是，所有的野生袋狼都被杀掉了。有些袋狼比较幸运，被带到了动物园饲养。可是，由于数量太少，因此族群无法延续下去。

1936 年，最后一只生活在霍巴特动物园的袋狼“本杰明”也因园方人事问题而死亡。从此，袋狼就不存在了。

图拉克袋鼠

灭绝时间：1939 年

图拉克袋鼠生活在澳大利亚，是一种优雅又敏捷的动物。它们的皮毛很细致，因此受到皮毛交易商的喜爱。此外，狩猎运动和农牧地的开发也影响了它们的生活。即便如此，直到 1910 年，这种袋鼠仍十分常见。但不知为何，到了 1923 年，它们的数量就变得相当稀少了。最后一群袋鼠仅有 14 只。

为了保护它们，生态学者尝试从这个群体中捕获一些个体，打算将它们移居到保护区里面。虽然前后共捕捉到 4 只袋鼠，但它们却都因为追逐过程太激烈而衰竭死亡。这个失败的保护行动反而让大家注意到这种袋鼠，于是当地猎人赶在图拉克袋鼠灭亡前，努力取得最后的狩猎纪念品。1927 年，最后一只母图拉克袋鼠被抓到了。它被人类养了 12 年，最后于 1939 年死亡。

威克岛秧鸡

灭绝时间：1945 年

威克岛位于日本和夏威夷之间，是一座偏远的小岛。岛上有一种独特的秧鸡，这种秧鸡和它的近亲新西兰秧鸡外形相仿，但体形较小，颜色也较暗淡。它们的食物包括了软体动物和昆虫。

威克岛秧鸡是战争的受害者。二次世界大战时，美国和日本在太平洋上交火，威克岛也成为了两强之间的必争之地。1944 年，当战况对日本越来越不利时，驻守在威克岛的日本兵因为缺粮而猎捕威克岛秧鸡。就在战争结束时，威克岛秧鸡也被日本兵给吃光了。

图为威克岛秧鸡的近亲：新西兰秧鸡。

豚足袋狸

灭绝时间：1950 年

豚足袋狸是一种小型草食动物，分布在大洋洲内陆的干旱平原上。它们拥有许多动物的身体特征，包括体形像田鼠、耳朵像兔子、腿像羚羊、但脚趾头却又像猪。豚足袋狸多半在夜间活动，白天则在洞穴里面睡觉。有人说豚足袋狸可以踮着脚尖快速奔跑，但也有人宣称它们走路姿势很笨拙，就像一匹受伤的老马。

至今尚无法确定是什么原因导致豚足袋狸的灭绝，但可以肯定的是，当欧洲人于 18 世纪到达大洋洲后所带来的动物，如猫、狗、山羊、绵羊、兔子、狐狸等，对豚足袋狸的生活产生了影响。兔子和老鼠可能抢走了袋狸的食物，猫和狐狸则会猎食袋狸。总之，在 1950 年以后，就没人再看过它们了。

加勒比僧海豹

灭绝时间：1952 年

僧海豹得名自它们颈部一圈肥厚的皮肤，让人联想到老和尚的样子。世界上的僧海豹主要分布在夏威夷群岛、地中海和加勒比海。加勒比僧海豹体形很大，但性格温和，是哥伦布于 1494 年第二次的航程中所发现的，之后就不断遭到人类的猎捕，只是为了取得它们的毛皮和油脂。

到了 20 世纪，渔民们又指控这些海豹抢夺了鱼类资源，因此开始迫害它们。此外，随着旅游业兴起，沿海许多地方都盖起了饭店和商店，海里面则有游艇和货船不断来来回回。这些活动都干扰了加勒比僧海豹的生活。最后一次看到加勒比僧海豹的记录是在 1952 年，之后就再也找不到它们了。

泥盆纪 鱼类时代

这时的水里头有各种鱼类如头甲鱼、盾皮鱼、软骨鱼、肉鳍鱼。它们在海洋和淡水区域不断进化，让水中世界变得更加热闹非凡。

4亿4000万—4亿2000万年前

4亿2000万—3亿6000万年前

3亿6000万—3亿年前

志留纪 珊瑚礁乐园

广泛分布的珊瑚礁说明这个时期的海水很温暖。许多海洋动物都躲在珊瑚礁里头，以逃避巨型掠食者的追捕。

石炭纪 大森林

植物登陆并适应陆地环境后，躯干开始增大。到了石炭纪由于气候温暖，各种大型蕨类植物长成了巨大的森林，提供丰富的食物给各种动物享用。

地球舞台登场生物时间表

奥陶纪 笔石全盛期

笔石在寒武纪中期已经出现，到了奥陶纪则大为繁盛。笔石分布广，演化快，容易保存，是奥陶纪重要的分带化石。

45 亿年前 地球生成

地球是由无数个直径 10 千米大小的微行星或彗星彼此撞击、聚合而成的。由于诞生在离太阳不远不近的位置，因此适合生命的起源和发展。

45 亿年前	30 亿年前	5 亿 4000 万—4 亿 9000 万年前	4 亿 9000 万—4 亿 4000 万年前

30 亿年前 蓝细菌开始制造氧气

30 亿年前，蓝细菌产生的氧气开始改变地球海洋和大气的成分。蓝细菌群落进行光合作用时，会将周围的二氧化碳转换成碳酸钙，形成一种具有层状构造的"叠层石"。

寒武纪 寒武纪大爆发

寒武纪大爆发中出现了许多现代动物的祖先，包括软体动物、节肢动物、棘皮动物等。最原始的脊椎动物也在这个时候登场。

可能导致生物灭绝的原因

地球气候变迁

大自然是充满恩赐却又残酷的，丰饶的自然资源可以让生物欣欣向荣，但是突如其来的灾害，如火山爆发、冰河期降临……却可能让生物直接灭绝。

陨石撞地球

地球是宇宙中的一颗星球，虽然有大气层保护我们，但面临太大的陨石却仍阻止不了。陨石撞地球会造成环境重大改变，造成生物直接或间接灭亡。

不适合的就淘汰

大自然是一个激烈的竞争舞台，在生物漫漫的演化长河中，抢不到资源而活不下去的，就只有被淘汰一途。这就是所谓的“适者生存，不适者淘汰”。

贪婪的人类

人类是地球有史以来最强势的物种。人类在地球上建立文明、发展枪炮弹药，不过也因为人类的贪婪和过度开发，造成许多生物绝种。

古近纪和新近纪 哺乳动物崛起

恐龙灭亡后所腾出的空间，给了哺乳类动物崛起的机会。原本到处躲藏的小型哺乳动物，由于天敌消失而大为繁盛。

1亿5000万—6500万年前

6500万—260万年前

260万前—现代

白垩纪 巨兽的结局

恐龙家族仍然是一片欣欣向荣，但却因为6500万年前，一颗小行星的造访，让一切在瞬间都变了样。

第四纪 人类与冰河

冰河时代来临，动物发展出许多御寒方式。人类祖先则从温暖的非洲以双脚走遍了世界。

图书在版编目（CIP）数据

灭绝生物的故事 / 小牛顿科学教育公司编辑团队编著． -- 北京 ： 北京时代华文书局， 2018.12
（小牛顿科学故事馆）
ISBN 978-7-5699-2683-5

Ⅰ．①灭… Ⅱ．①小… Ⅲ．①古生物一少儿读物 Ⅳ．①Q91-49

中国版本图书馆 CIP 数据核字（2018）第 239131 号

版权登记号 01-2018-7698

文稿策划：苍弘萃、林季融
美术编辑：施心华

图片来源：
Dreamstime：P3
Shutterstock：P7~9、P12~21、P23~25、P27、P29~31、P33~37、P39、P41、P44~46、P48~66、P68、P69、P71、P72、P75~78
Wikipedia：P11、P15、P16、P19、P25、P27、P31~34、P38、P41、P43~51、P53、P55~58、P64~73
Zhangmoon618/Wikipedia：P12
Faviel_Raven/Shutterstock.com：P18
Nick Fox/Shutterstock.com：P24
neftali/Shutterstock.com：P25
AKKHARAT JARUSILAWONG/Shutterstock.com：P29、54
frantic00/Shutterstock.com：P30、50
Adrian W/Wikipedia：P38
NASA：P39
Nobu Tamura/Wikipedia：P44、47
plg photo/Shutterstock.com：P52
Mark1260423/Shutterstock.com：P54
Adam Jan Figel/Shutterstock.com：P56
Juan Aunion/Shutterstock.com：P56、57

插画：
许世模：P10、P35、P74、P79
牛顿 / 小牛顿数据库：P24、P28、P32、P33、P37、P40、P42~50、P52~54、P67

灭 绝 生 物 的 故 事
Miejue Shengwu de Gushi

编　　著 | 小牛顿科学教育公司编辑团队

出 版 人 | 陈　涛
责任编辑 | 许日春　沙嘉蕊
装帧设计 | 九　野　王艾迪
责任印制 | 刘　银

出版发行 | 北京时代华文书局 http://www.bjsdsj.com.cn
北京市东城区安定门外大街 136 号皇城国际大厦 A 座 8 楼
邮编：100011　电话：010 - 64267955　64267677
印　　刷 | 小森印刷（北京）有限公司　010-80215073
（如发现印装质量问题，请与印刷厂联系调换）
开　　本 | 787mm×1092mm　1/16　印　　张 | 5　字　　数 | 74 千字
版　　次 | 2020 年 1 月第 1 版　印　　次 | 2020 年 1 月第 1 次印刷
书　　号 | ISBN 978-7-5699-2683-5
定　　价 | 29.80 元

二叠纪 爬行动物现身

除了两栖类动物之外，许多爬行动物也于这个时代登场。爬行动物演化出坚硬的皮肤，而且产下有着坚硬外壳的蛋。

侏罗纪 巨型爬虫类时代

温暖的气候让恐龙体形渐趋增大，种类也越来越多。鸟类的祖先也在这个时期出现。

3亿—2亿5000万年前

2亿5000万—2亿年前

2亿—1亿5000万年前

三叠纪 恐龙兴起

度过二叠纪末大灭绝的爬行动物开始称霸地球。陆、海、空都被它们所占据。